"十四五"时期水利类专业重点建设教材

海洋资源开发与保护技术概论

龚　政　苏　敏　主　编
姚　鹏　周　曾　副主编

海洋出版社
2023年·北京

图书在版编目（CIP）数据

海洋资源开发与保护技术概论／龚政，苏敏主编. —北京：海洋出版社，2021.1

ISBN 978-7-5210-0735-0

Ⅰ.①海… Ⅱ.①龚… ②苏… Ⅲ.①海洋资源-资源开发-研究②海洋资源-资源保护-研究 Ⅳ.①P74

中国版本图书馆 CIP 数据核字（2021）第 017091 号

责任编辑：薛菲菲
责任印制：赵麟苏

海洋出版社 出版发行

http://www.oceanpress.com.cn

北京市海淀区大慧寺路 8 号　邮编：100081

鸿博昊天科技有限公司印刷

2021 年 1 月第 1 版　　2023 年 8 月北京第 3 次印刷

开本：787mm×1092mm　1/16　印张：7.5

字数：144 千字　　定价：58.00 元

发行部：010-62100090　总编室：010-62100034

目　录

第1章　绪　论

1.1　海洋资源概述

人类开发利用海洋资源（marine resources）的活动已有数千年的历史。远古时代，人们已经从岸边浅海获取鱼类、贝类和海藻等海洋资源作为食物。随着社会的进步和生产力的发展，海洋捕捞业、海水制盐业和海洋运输业等产业逐渐兴起。现代社会，人们对海洋资源开发的广度和深度都在不断扩展，各种海洋新兴产业不断发展。

海洋资源一般被界定为，在海洋内外营力作用下，形成并分布在海洋地理区域内，在现在和可预见的将来可供人类开发利用并产生经济价值和文化价值，以提高人类当前和将来福利的物质、能量、景观和空间等[1]。其范围涵盖海洋生物资源、海水及化学资源、海洋矿产资源、海洋能资源、海洋空间资源等。

1.2　海洋资源的分类

按照海洋资源的自然属性划分，海洋资源可分为海洋物质资源、海洋空间资源和海洋能资源三大类，进一步细分见表1-1。

(1)海水及化学资源，包括体积巨大的海水和其中溶解的各种元素。地球上的海水体积大约为 $1.37\times10^9\ m^3$，是海洋的主体。海水具有巨大的气候调节功能。大量的海水可以被用于冷却用水、盐土农业灌溉、海水养殖和海水淡化利用等。海水中溶解有近80种元素，不仅陆地上的天然元素在海水中几乎都存在，而且还包含17种在陆地上分布稀少的元素[2]。

(2)海洋矿产资源，包括海底石油、天然气、滨海砂矿、海底煤矿、多金属结核和海底热液矿床等。沉积蕴藏于海底的各种矿物资源是当前开发利用中最为重要的海洋资源。其中的海洋油气资源产值已占世界海洋开发产值的70%以上。滨海砂矿广泛分布于世界各滨海地带，已开发利用的滨海砂矿主要有金刚石、金、铅、锡等金属、非金属、稀有和稀土矿物等数十种。多金属结核是海洋矿产资源的潜在宝库。据统计，世界大洋多金属结核的总储量高达 3×10^{12} t，其中一些如锰、镍、铜和钴等主要金属的含量是地壳中平均含量的 300 倍[3]。

表 1-1　海洋资源分类及其利用举例

<table>
<tr><th colspan="4">分类</th><th>利用举例</th></tr>
<tr><td rowspan="10">海洋物质资源</td><td rowspan="6">海洋非生物资源</td><td rowspan="2">海水及化学资源</td><td>海水本身</td><td>海水养殖、盐土农业灌溉</td></tr>
<tr><td>海水中溶解物质</td><td>卤族元素、金属元素和核燃料铀等方面</td></tr>
<tr><td rowspan="4">海洋矿产资源</td><td>海底石油、天然气</td><td>当前海洋最重要的矿产资源，产量是世界油气总产量的 1/3，储量是陆地总储量的 40%</td></tr>
<tr><td>滨海砂矿</td><td>金属和非金属砂矿，用于冶金、建材、化工等</td></tr>
<tr><td>海底煤矿</td><td>弥补沿海陆地煤矿的日益不足</td></tr>
<tr><td>多金属结核和海底热液矿床</td><td>开发利用其中的锰、镍、铜、钴、镉等陆地稀缺金属资源</td></tr>
<tr><td rowspan="4">海洋生物资源</td><td colspan="2">海洋微生物</td><td>细菌、真菌、放线菌、酵母菌、光合细菌等</td></tr>
<tr><td colspan="2">海洋植物</td><td>海带、紫菜等，用于食物、化工、药物等</td></tr>
<tr><td colspan="2">海洋无脊椎动物</td><td>贝类、海参等，用于食物、饲料、饵料等</td></tr>
<tr><td colspan="2">海洋脊椎动物</td><td>鱼类、海鸟、海龟等，用于食物等，也具有特殊的经济、科学、旅游等意义</td></tr>
<tr><td rowspan="4">海洋空间资源</td><td colspan="3">海岸带与海岛空间</td><td>港口、海滩、潮滩、湿地等，用于运输、工农业、旅游、科教、海洋公园等</td></tr>
<tr><td colspan="3">水面空间</td><td>是国际、国内海运通道，可建设海上人工岛、机场、城市、海洋旅游设施等</td></tr>
<tr><td colspan="3">水层空间</td><td>潜艇及其他交通工具运行空间、人工渔场</td></tr>
<tr><td colspan="3">海底空间</td><td>海底隧道、海底通信电缆等</td></tr>
<tr><td rowspan="5">海洋能资源</td><td colspan="3">海洋潮汐能</td><td rowspan="5">理论估算世界海洋能总量为 4×10^{13} kW 以上，可开发利用的至少有 4×10^{10} kW；其为不枯竭的无污染能源</td></tr>
<tr><td colspan="3">海洋波浪能</td></tr>
<tr><td colspan="3">潮流/海流能</td></tr>
<tr><td colspan="3">海水温差能</td></tr>
<tr><td colspan="3">海水盐差能</td></tr>
</table>

（3）海洋生物资源，包括海洋微生物、海洋植物、海洋无脊椎动物和海洋脊椎动物四类。海洋微生物资源包括生活在海洋中的各种细菌、真菌、放线菌、酵母菌和光合细菌等。海洋植物资源包括生活在海水中的各种浮游单细胞藻类，生活于潮间带和海底的各种绿藻、褐藻、红藻以及各种海洋高等植物。海洋无脊椎动物资源包括生活于海水中和海底的各种无脊椎动物类群，例如海蜇、贝类、甲壳类、头足类和海参等。海洋脊椎动物资源包括生活于海面、海水中和海底的各种鱼类、海龟、海鸟、海兽等。

(4) 海洋空间资源，包括海岸带与海岛空间、水面空间、水层空间和海底空间四类。海岸带与海岛空间资源包括大陆边缘及海岛的海滩、湿地、港口、码头等。水面空间资源指广阔的海洋水体表面。水层空间资源指广阔的海洋水体表面之下的巨大空间。海底空间资源指广阔的海底空间。

(5) 海洋能资源，包括海洋潮汐能、海洋波浪能、潮流/海流能、海水温差能、海水盐差能等。海洋能来源于海水对太阳辐射能的直接或间接吸收，天体对地球和海水的引力随时空发生周期性变化而产生的势能，使得海洋水体产生温度、盐度差异、潮汐运动、波浪运动、海流运动。蕴藏在海水中的这些形式的能量均可通过技术手段转换为电能。据估算，世界海洋可供开发利用的海洋能量至少有 4×10^{10} kW，海洋能资源是可再生的无污染能源。

根据海洋资源可被利用的特点，从经济学观点将其分为耗竭型资源和非耗竭型资源，据此提出图 1-1 所示的海洋自然资源分类[4]。

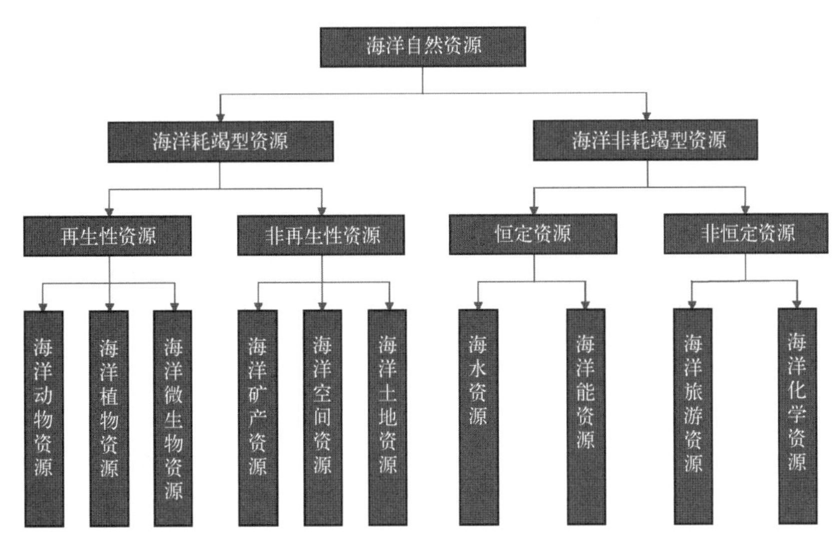

图 1-1 海洋自然资源分类

1.3 海洋资源的分布规律

海岸带至深海典型的地貌类型分别为海岸带、大陆架、大陆坡、大陆隆和深海盆地(见图 1-2)，各地貌类型中不同的沉积和动力特征决定了海洋资源的形成和分布特征。光照、温度、盐度、营养物质、溶解气体、生物因素和海水运动等海洋环境(条件)对海洋资源的分布也有深刻的影响[5]。

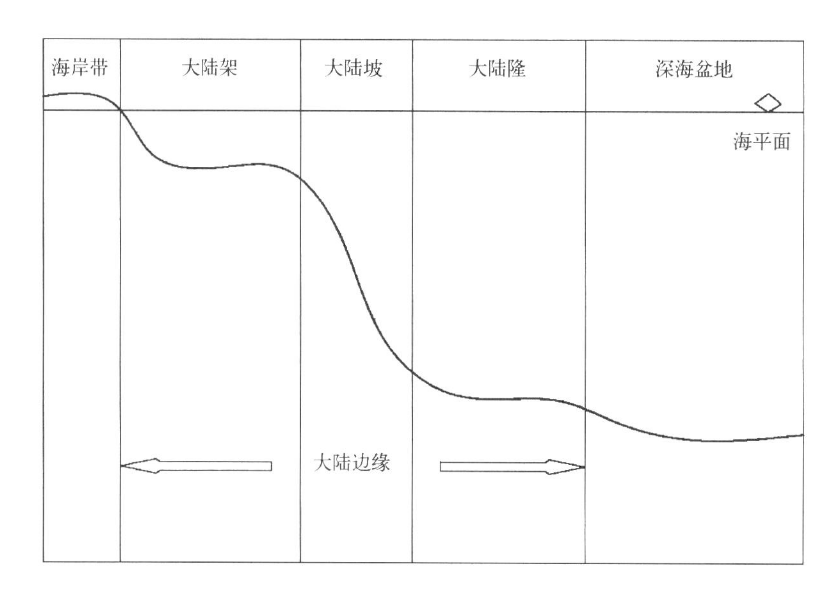

图 1-2　海岸带至深海典型地貌剖面示意

(1)海岸带。海岸带 (coastal zone)是海陆交互作用的地带。现代海岸带一般包括海岸、海滩和水下岸坡三部分。海岸是高潮最高潮位线以上狭窄的陆上地带，大部分时间裸露于海水面之上，仅在特大高潮或暴风浪时才被淹没，又称潮上带。海滩是高潮最高潮位和低潮最低潮位之间的地带，高潮时被水淹没，低潮时露出水面，又称潮间带。水下岸坡是低潮最低潮位线以下直到波浪作用所能到达的海底部分，又称潮下带，其下限延伸至最大波浪可以作用到的临界深度处，相当于 1/2 波长的水深处，通常为 10~20 m。海岸带地区有重要的滨海砂矿，如金、铂、金刚石、锡砂等，它们是被陆地河流搬运到海洋后，又被潮流和海浪运移、分选和集中而成。海岸带地区营养盐充足，拥有丰富的生物资源。海岸带地区具有广阔的空间，是开展盐业、海水养殖、海运、围垦、排污等工农业开发的重要场所。海岸带地区又是滨海湿地的主要分布区，具有非常重要的生态功能。

(2)大陆架。大陆架(continental shelf)是大陆向海自然延伸的平缓的浅海区，是大陆周围被海水淹没的浅水地带，其范围是从低潮线延伸到坡度突然变大的地方为止。大陆架坡度平缓，平均坡度只有 7′。大陆架海区富有各种沉积矿床，如海绿石、磷钙石、硫铁矿、钛铁矿、石油和天然气等。此外，滨海砂矿以及用作建筑材料的砂砾石，也取于大陆架。大陆架既是重要的渔场，又是海水养殖的良好场所。世界上海洋食物资源的 90%来自大陆架和邻近海湾[6]。

(3)大陆坡。大陆坡(continental slope)是大陆架坡折至大陆隆或海沟间坡度较大的海底斜坡，大陆坡的坡度一般较陡，平均坡度为4°17′。沉积物主要是陆屑软泥，植物极少，动物主要是食泥动物[7]。

(4)大陆隆。大陆坡以外至大洋盆地之间，常有大陆坡坡麓缓缓倾向大洋底的扇形，叫作大陆隆(continental rise)。大陆隆表面坡度很小，是接受陆坡上下滑的沉积物的主要地区，沉积物厚度巨大，很可能是海底油气资源的远景区。这里也有着丰富的海底矿产，不仅有石油、硫、岩盐、钾盐，还有磷钙石和海绿石等，而且是良好的渔场。

(5)深海盆地。位于大陆边缘之间的大洋底是大洋的主体，由大洋中脊(mid-ocean ridge)和大洋盆地(ocean basin)两大单元构成。大洋底分布深海稀土沉积、钙质软泥沉积和硅质软泥沉积。深海海底蕴藏着锰结核和含金属泥沉积物，还有红黏土、钙质软泥、硅质软泥、海底热液矿床等。

1.4 海洋资源开发利用

全球海洋资源开发利用主要表现为以下两个特征[8]。

(1)主要海洋产业迅猛发展。全世界拥有海港9 800余个，其中年吞吐量在100万吨级以上的港口有500余个，主要海运贸易港口有3 157个，年吞吐量在1亿吨级以上的国际贸易港口有10个。近十几年世界海运货物总量年平均增长1.6%。全世界有100多个国家和地区从事海上石油、天然气勘探开发，参与经营的大石油公司有50多家。2016年世界海洋捕捞总量为7.93×10^{7} t，较2015年的8.12×10^{7} t减少了近2×10^{6} t，相较于2002年全球海洋捕捞渔获量(9.46×10^{7} t)减少了16%。相反，海水养殖产量则呈现逐年增加的趋势[9](见图1-3)。

(2)新兴海洋产业迅速崛起。滨海旅游业是近年来发展较快的海洋产业。此外，海洋船舶工业、海洋油气业、海水利用业等也已初具规模[10](见图1-4)。

国内海洋资源开发利用现状主要有以下两个特征。

(1)海洋资源区域分布不平衡。我国海洋资源主要分布在：①渤海及其海岸带，主要有水产、盐田、油气、港口及旅游资源；②黄海及其海岸带，主要有水产、港口和旅游资源；③东海及其海岸带，主要有水产、油气、港口、滨海砂矿和潮汐能等资源；④南海及其海岸带，主要有水产、油气、港口、旅游、滨海砂矿和海洋热能等资源。另外，辽宁、河北、天津、山东、江苏、浙江、上海、福建、广东、广西和海南11个沿海省(区、市)的海洋资源分布极不平衡。上海和广东的海洋交通运输业营运收入遥遥领先于其他省份。上海市近年海洋交通运输业营运收入约占全国海洋交通运

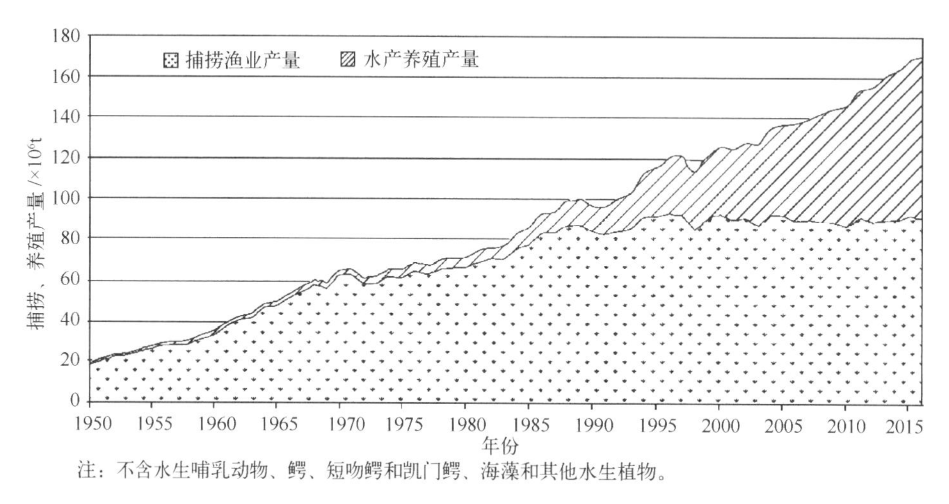

注：不含水生哺乳动物、鳄、短吻鳄和凯门鳄、海藻和其他水生植物。

图 1-3　世界捕捞渔业和水产养殖产量

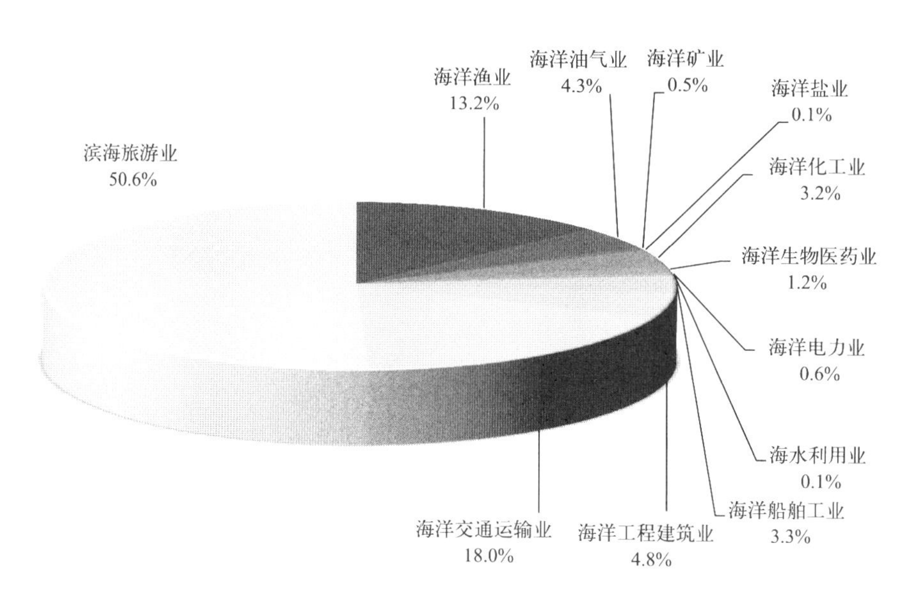

图 1-4　2019 年我国主要海洋产业增加值构成

输业营运收入的 1/3。海洋石油、天然气生产主要集中在广东、山东、辽宁、天津沿海，滨海砂矿资源主要集中在福建、山东、广东、广西、海南，潮汐能资源以浙江和福建两省较为丰富，温差能以台湾和海南两省为多，波浪能资源则以台湾最为突出，海(潮)流能的理论蕴藏量浙江达到 7.09×10^6 kW。

(2)海洋资源开发的规模与强度加大，海洋经济稳步上升[4]。近几年来，我国海洋资源开发的规模和强度不断加大，产生巨大经济效益(见图 1-5)。《2019 年中国海洋经济统计公报》显示，全年全国海洋生产总值为 89 415 亿元，相较于 2003 年的

10 078亿元，15 年间的年平均增长率为 15%。海洋水产业的经济效益占所有海洋产业产值的一半以上，而海洋盐业和滨海砂矿等产业受自然条件及资源量限制较大，发展速度不稳定(见表 1-2)。

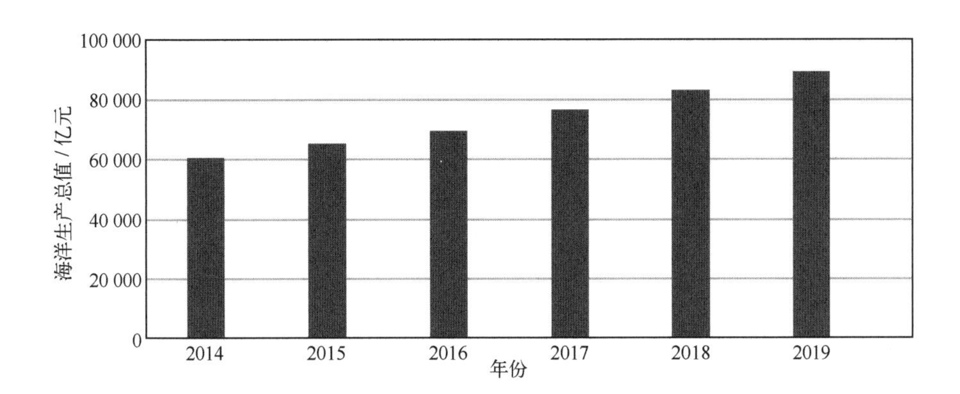

图 1-5　2014—2019 年我国海洋生产总值情况

表 1-2　2019 年海洋生产总值

指标	总量/亿元	增速/(%)
海洋生产总值	89 415	6.2
海洋产业	57 315	7.8
主要海洋产业	35 724	7.5
海洋渔业	4 715	4.4
海洋油气业	1 541	4.7
海洋矿业	194	3.1
海洋盐业	31	0.2
海洋化工业	1 157	7.3
海洋生物医药业	443	8.0
海洋电力业	199	7.2
海水利用业	18	7.4
海洋船舶工业	1 182	11.3
海洋工程建筑业	1 732	4.5
海洋交通运输业	6 427	5.8
滨海旅游业	18 086	9.3
海洋科研教育管理服务业	21 591	8.3
海洋相关产业	32 100	—

1.5 海洋资源开发利用的控制因素

海洋资源利用是人类对海洋进行长期或周期性的经营，是海洋在人类活动的干预下进行自然再生产和经济再生产的复杂生产过程。决定一个地区海洋资源利用方式和结构的控制因素有如下四种[11,12]。

(1)自然要素。主要是指海洋的各种自然属性，包括海洋的各个自然构成要素(如水文、气候、生物等)的性质，以及海洋综合质量状况，如海洋自然条件适宜性等。

(2)经济因素。海洋资源利用是一项社会经济活动，海洋资源利用方式的选择必然受经济效益的影响，如投入产出比、经济区位等。

(3)社会因素。包括社会发展水平、社会需求、人口状况、海洋政策等的影响。

(4)生态利益和可持续发展要求。判定一种海洋资源利用方式是否合理，不仅需要看其是否符合前三个因素，还应考虑是否符合生态环境优化和持续利用的原则，这是当前海洋资源利用时所面对的一个重要问题，也是过去在对待环境问题上失败的总结，如海洋石油开采运输和大量填海造地带来的一系列生态恶果。

我国的海岸线曲折，海洋生态环境多样，为不同生物的繁衍生息提供了优越的环境条件。近几年来，虽然我国在海洋资源开发利用方面取得了很大进展，海洋经济发展迅速，但在海洋资源利用上仍存在着一系列问题。例如，近 50 年来，我国滨海滩涂湿地面积累计减少约 $1\times10^{10}\ m^2$，相当于沿海湿地总面积的 50%。围海造地使滨海湿地面积每年以 $2\times10^8\ m^2$ 的速度在减少[13]。沿海地区仍存在随意围海造田、造地，大量采挖砂石、珊瑚礁，滥伐红树林，向岸滩堆放、处理、处置废弃物等情况。海洋自然景观和生态环境的破坏，造成大面积海岸侵蚀、淤积，影响物种多样性，加剧海洋灾害的危害。

海洋环境和资源面临的问题主要有[14,15,16]：

(1)海洋环境污染依然严峻。海洋环境污染是由于人类在开发利用海洋资源过程中，直接或间接地将有害物质排放到海域中，造成海洋生物资源、海水质量、海洋环境、海水自净能力等的损害，进而威胁人类的自身健康。据自然资源部公布，2019 年度全海域未达到清洁海域水质标准的面积为 $8.9\times10^4\ km^2$，污染海域主要分布在辽东湾、渤海湾、江苏近岸、长江口、杭州湾和珠江口等。近岸海域海水中主要污染物是无机氮、活性磷酸盐和石油类。海运船舶航行、海上石油运输、海水人工养殖、海洋工程建设、陆域污染物排放、海洋废弃物倾倒等是造成海洋环境污染的最主要原因，致使海水自净能力逐渐丧失、海洋环境缓冲能力下降，为海洋资源的再生和供给带来阻碍。

(2)海洋生态破坏问题加剧。海洋资源的无序开发、海洋工程的不合理建设等均可能导致海洋生态系统遭到无法恢复的损害，进而导致严重生态后果。围填海造地、港口建设、水产养殖、海上石油勘探开采等行为不当是导致海洋生态系统灾难的主要因素。

(3)海洋资源枯竭问题日益凸显。海洋生物资源的生长繁衍有固定的周期，然而长期的过度捕捞和不当捕捞导致近海生物资源整体严重衰退。而且，海洋生物资源生长繁衍所需要的环境不断恶化，加剧了海洋资源可持续供给的困境。一旦海洋生物多样性遭到破坏，就会导致海洋荒漠化。海洋荒漠化是指海洋生态系统的贫瘠化，海洋环境质量严重下降，海洋生物种类、数量急剧降低。具体体现在海水水质恶化、海域生产力降低、海洋生物多样性下降。海洋荒漠化一般从外观难以察觉，而且由于海水和海洋生物的流动性，往往是某个海域受到破坏，可以影响毗邻甚至整个海域的生态环境。虽然我国沿海生物多样性丧失情况迄今尚无系统全面的调查研究，但从一些研究报告来看，潮间带和近岸海域生物多样性的减少情况也相当严重。例如，青岛胶州湾沧口潮间带，在20世纪50年代生物种类多样，约有150种。60年代以后至70年代初，因受附近化工厂的建设和排污的影响，该海滩生物种类大大减少，只采到30种，至80年代只有17种，大型底栖生物尚难发现。渤海水环境遭受污染的面积，1992年不足26%，2002年达到41.3%，产卵场受污染面积几乎达100%。我国渤海现存的底层鱼类资源只有20世纪50年代的10%。传统的捕捞对象，如带鱼在1956—1963年间的年渔获量达10 000~24 000 t，1982—1983年据中科院海洋研究所调查，获鱼类样品200余万尾，其中带鱼只有18尾。渤海从昔日的“鱼虾摇篮”逐渐走向海洋荒漠化。其他海域例如长江口、珠江口等也出现了海洋荒漠化的现象[17]。

第 2 章　海洋自然条件

2.1　概述

第 1 章已经提到自然要素是决定一个地区海洋资源利用方式和结构的制约因素之一。自然要素主要是海洋的各种自然属性，包括水文、海岸、气候等以及海洋的综合质量状况。例如，在沿海建港，需要了解和掌握建港所在地及其附近海域的海浪、潮汐、近岸海流和泥沙运动的历史状况以及今后可能的发展趋势；评估和开发海岸及近海的海洋能资源的种类和估算能源总量，也需要了解附近海域的潮差、盐度、温度等知识。本章着重介绍波浪、潮汐、潮流、风、温度、盐度和泥沙等几种对海洋资源开发利用有直接影响作用的自然条件。

2.2　波浪

1. 波浪的形成

波浪是由海面上风的吹动以及大气压力的变化和海底地壳的活动(如地震、火山爆发等)引发的一种海水表面周期性的变化。风是波浪的基本起因。当风从海面掠过时，由于气流对海水的摩擦和推压，牵动海水质点振动，从而形成波浪。一般讲的海浪，主要指由风产生的波动，是海面出现的风浪(风作用下产生的波浪)、涌浪(风停止后海面上继续存在的波浪，或离开风区传播至无风水域的波浪)和近岸浪(外海的风浪或涌浪传播至海岸浅水海域，受地形影响而改变波动性质的波浪)的统称。海浪的周期为 0.5~25 s，波长为几十厘米到几百米，波高一般在几厘米到 20 m 范围，极大值达到 30 m。海浪的空间尺度为几百千米到上千千米，时间尺度为几小时到几天。特别是周期处于 4~16 s 这一范围的重力波是近海最重要的动力因素之一。

2. 波浪的要素

各波浪要素的定义如下(见图 2-1)。

波峰(crest)：波面上的最高点。

波谷(trough)：波面上的最低点。

波峰线：垂直波浪传播方向上各波峰的连线。

波向线：与波峰线正交的线，即波浪传播方向。

波高(wave height)：相邻波峰和波谷之间的垂直距离。

振幅(amplitude)：波面最高点至静水面之垂直距离，或是波高值的一半。

波长(wave length)：两相邻波峰(或波谷)之间的水平距离。

波周期(wave period)：通过一个波长所需的时间或相邻两波峰或波谷通过一个固定点所需要的时间。

波速(wave velocity)：波形移动的速度，它等于波长除以周期。

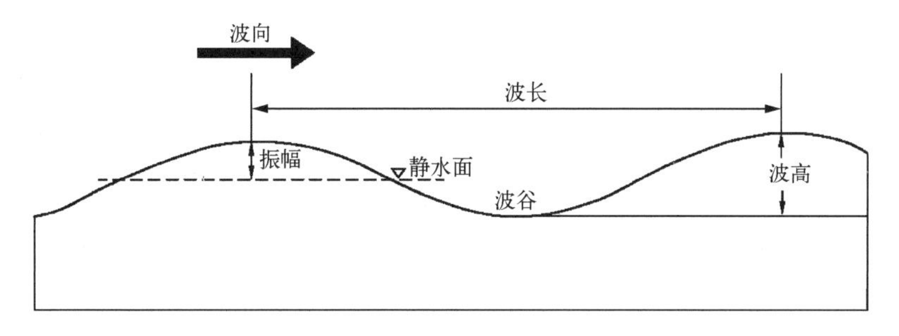

图 2-1　波浪要素的定义

按照海面征象，采用目测，根据波高范围确定的波浪分级，称为波级。各个波级的波高范围见表 2-1[18]。其中，在连续观测的波列中，将某一时段连续测得的所有波高按大小排列，从前面取占总个数 1/10 个波的各大波波高平均值，称为 1/10 大波的平均波高，记为 $H_{1/10}$；从前面取占总个数 1/3 个波的各大波波高的平均值，记为 $H_{1/3}$。

表 2-1　海浪波级

波级	波高范围/m		波浪名称
0	0	0	无浪
1	$H_{1/3}<0.1$	$H_{1/10}<0.1$	微浪
2	$0.1\leq H_{1/3}<0.5$	$0.1\leq H_{1/10}<0.5$	小浪
3	$0.5\leq H_{1/3}<1.25$	$0.5\leq H_{1/10}<1.5$	轻浪
4	$1.25\leq H_{1/3}<2.5$	$1.5\leq H_{1/10}<3.0$	中浪
5	$2.5\leq H_{1/3}<4.0$	$3.0\leq H_{1/10}<5.0$	大浪
6	$4.0\leq H_{1/3}<6.0$	$5.0\leq H_{1/10}<7.5$	巨浪

续表

波级	波高范围/m		波浪名称
7	$6.0 \leq H_{1/3} < 9.0$	$7.5 \leq H_{1/10} < 11.5$	狂浪
8	$9.0 \leq H_{1/3} < 14.0$	$11.5 \leq H_{1/10} < 18.0$	狂涛
9	$H_{1/3} \geq 14.0$	$H_{1/10} \geq 18.0$	怒涛

3. 波浪的分类

按照不同的标准，波浪可以分为多种类型。

(1)不规则波和规则波。波浪要素不断变化的波，称为不规则波，如现实中的波浪。各个波的波浪要素均相等的理想波称为规则波，如实验室内用人工方法产生的波浪。

(2)风浪、涌浪和混合浪。风作用下产生的波浪称为风浪，其剖面是不对称的。风停止后海面上继续存在的波浪或离开风区传播至无风水域上的波浪称为涌浪。涌浪的外形比较规则，波面光滑。风浪与涌浪叠加形成的波浪，称为混合浪。

(3)深水波和浅水波。在水深大于一半波长的水域中传播的波浪称为深水前进波，简称深水波(图 2-2)。深水波不受海底的影响，波动主要集中于海面以下一定深度的水层内，水质点运动轨迹近似圆形，常称为短波。当深水波传至水深小于半波长的水域时，称为浅水前进波，简称浅水波(图 2-2)。浅水波受海底摩擦的影响，水质点运动轨迹接近于椭圆，且水深相对于波长较小，又称为长波。

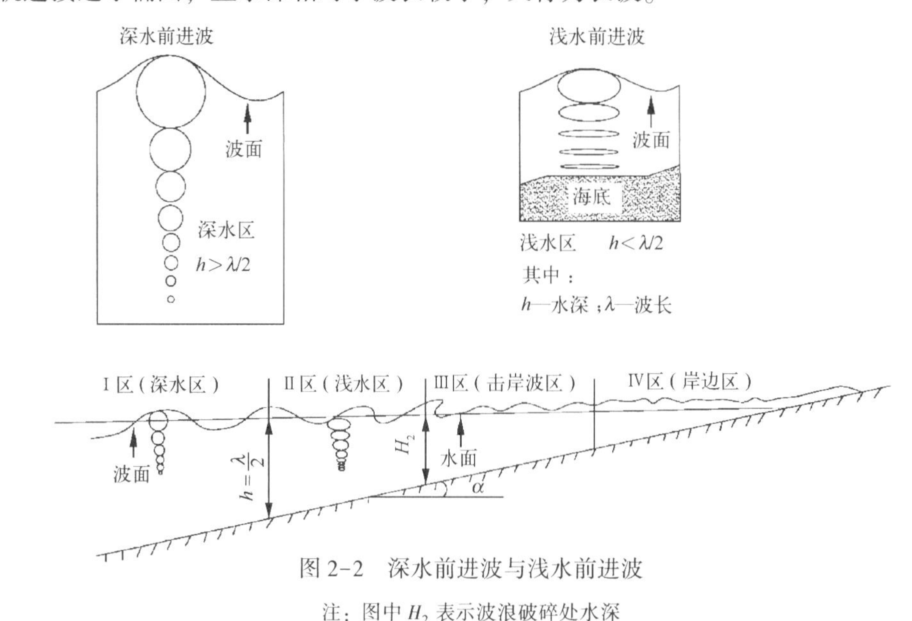

图 2-2 深水前进波与浅水前进波

注：图中 H_2 表示波浪破碎处水深

4. 波浪的影响

波浪可以对海洋环境产生多方位的影响，例如波浪引起海水等密度面的起伏，会使水上船舶和水下舰艇产生上下颠簸，影响海上交通运输安全和渔业生产。波浪是引起海洋水体温度、盐度、密度等结构改变的重要因素。通过水体的运动，使深层较冷的水体连同其中的营养盐输送到海洋上层，因此波浪对海洋生物，尤其生活在海岸带生物种类的影响也很明显[19]。

2.3　潮汐

1. 潮汐的形成

潮汐现象是指海水在天体(主要是月球和太阳)引潮力作用下所产生的周期性的升降运动和水平运动，前者称为潮汐，后者称为潮流。两者的区别在于运动的方向不同；两者的联系在于，涨潮流使潮位升高，而落潮流却使潮位降低。潮汐现象最显著的特点是具有明显的规律。

潮汐现象是由月球和太阳对地球产生吸引的作用而产生的，月球的吸引力是产生潮汐的主要力量，如图 2-3 所示。由于液体具有流动的性质，在万有引力和离心力的作用下，产生了潮汐。当月球、太阳和地球的位置成一条直线时，即当月球处于满月

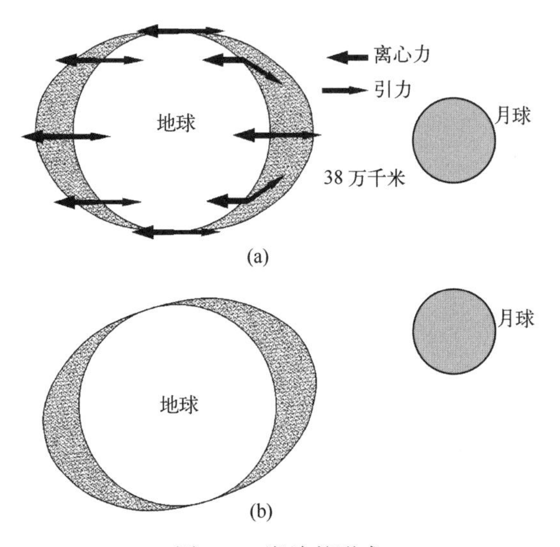

图 2-3　潮汐的形成

(a)潮汐的作用力；(b)由于月球作用造成的海水升降运动

(农历十五)或新月(农历初一)对地球的引潮合力最大，此时的高潮最高而低潮最低，这样的极值称为大潮(图 2-4)。当月球、太阳和地球的位置互成直角时，即农历的上弦(农历初七、初八)或下弦(农历二十二、二十三)对地球的引潮合力最小。此时，高潮位降低而低潮位升高，称为小潮(图 2-4)。由于摩擦力作用的结果，大潮大多发生在农历初二、初三或十七、十八，小潮大多发生在农历初九、初十或二十四、二十五。

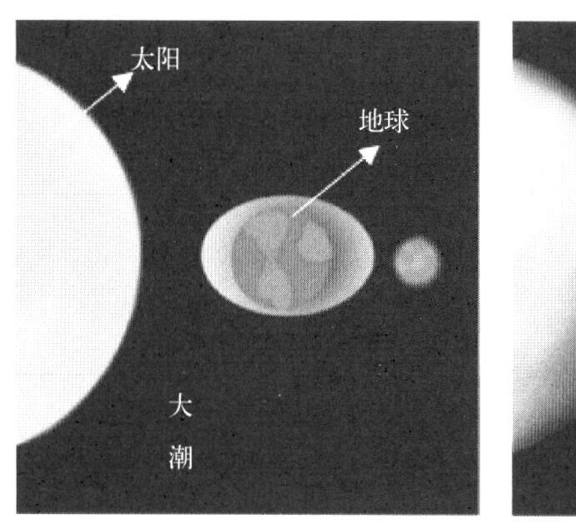

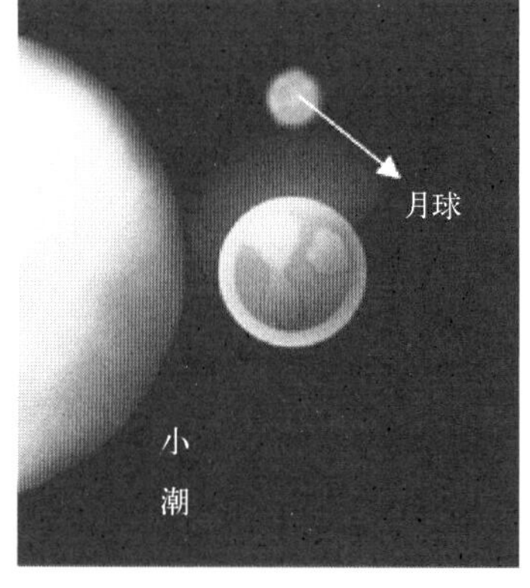

图 2-4　大潮、小潮示意

(图片来源 wikipedia@ Roberta F.，改绘)

2. 潮汐的要素

图 2-5 表示潮位(即海面相对于某一基准面的铅直高度)涨落的过程曲线。海面从低潮到相邻高潮，水位逐渐上升的过程称为涨潮，海面从高潮到相邻低潮，水位逐渐下降的过程称为落潮。相邻的高潮位与低潮位的水位高度差称为潮差。潮差是标志潮汐强弱的重要指标。

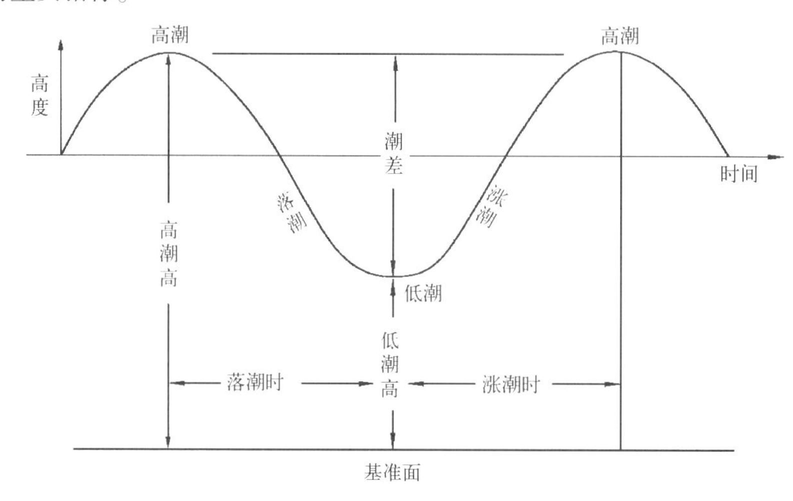

图 2-5　潮汐要素示意

3. 潮汐的分类

地球自转一周的时间称为一日，又分太阳日和太阴日。以太阳中心为地球自转的起点，即太阳中心连续经过地球头顶(上中天)或脚底(下中天)两次所需的时间称为一个太阳日。一年中各个太阳日并不相等，取其平均值为平太阳日，一个平太阳日为 24 h，是日常的计日单位。以月球中心连续两次上中天(或下中天)所需的时间，称为一个太阴日。一个太阴日为 24 h 50 min。根据潮汐涨落的周期和潮差的情况，可以把潮汐大体分为如下四种类型。

(1)正规半日潮(regular semi-diurnal tide)：在一个太阴日内，发生两次高潮和两次低潮，从高潮到低潮和从低潮到高潮的潮差几乎相等，涨潮时和落潮时也基本相同，这类潮汐叫作正规半日潮。

(2)不正规半日潮(irregular semi-diurnal tide)：一个朔望月中具有半日潮型的特征，但是相邻的两个高潮或低潮的潮高相差很大，涨潮时和落潮时也不相等。而在少数日子(当月赤纬较大的时候)，第二次高潮很小，半日潮特征就不显著，这类潮汐叫作不正规半日潮。

(3)正规全日潮(regular diurnal tide)：在一个太阴日内只有一次高潮和一次低潮，这类潮汐叫作正规全日潮。

(4)不正规全日潮(irregular diurnal tide)：一个朔望月中的大多数日子里具有日潮型的特征，但有少数日子(当月赤纬接近零的时候)则具有半日潮的特征，称为不正规全日潮，也称混合潮。

中国近海潮汐主要是由太平洋传入的潮波所引起的。太平洋潮波经日本九州至我国台湾之间的水道进入东海后，其中一部分进入台湾海峡，绝大部分向西北方向传播，从而形成了渤海、黄海、东海的潮振动；南海的潮振动主要由巴士海峡传入的潮波所引起。渤海、黄海、东海、南海的潮汐类型与最大潮差分布见图 2-6。

4. 潮汐的影响

水产养殖、捕捞、盐业、航海、测量、港工建筑、海洋开发、环境保护以及军事活动等，都受潮汐现象的影响。例如，潮间带是海陆相互作用的交错带，潮汐直接影响到海陆界面，影响到海陆的物质交换和转移，直接影响潮间带的生态过程。生产和生活的废弃物往往被倾倒至潮间带海域，进而通过潮汐的冲击带动，随海流进入海洋，因此，潮汐可以促进废物的降解转化，影响海域的自净能力。潮汐也是海岸带的主要动力因素，塑造了一系列的海岸地貌。潮汐还直接影响潮间带生物的生存状态和

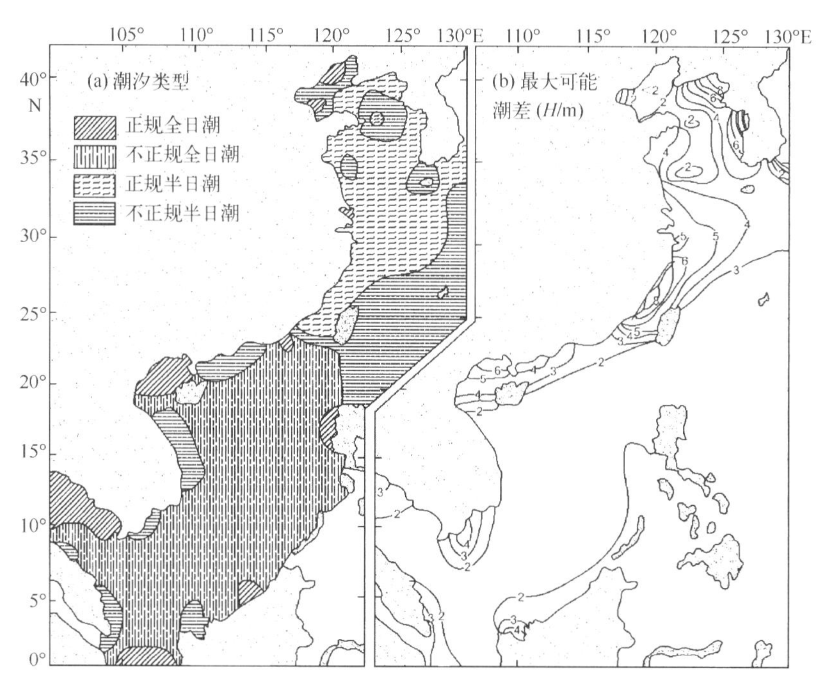

图 2-6　中国海域潮汐类型及最大潮差分布[19]

生物多样性，例如潮间带生物分布的分层现象。潮汐可以影响浅海水域的透明度，进而影响浅海海区的光合作用效率[19,20]。

2.4　潮流

潮流(tidal current)与潮汐相对应，潮流流速和流向在一天中有周期性变化。在近海，潮流可近似地视为实际海流。潮流运动的方向和速度受海岸形状和浅海地形的影响和限制。

涨潮时，海水的流动称为涨潮流；落潮时，海水的流动称为落潮流。潮流不仅流速具有周期性，流向也具有周期性。按照流向来分，潮流有两种运动形式：旋转流和往复流。旋转流一般发生在外海和开阔的海区，是潮流的普遍形式。由于地球自转和海底摩擦的影响，潮流往往不是单纯地形成往复的流动形式，其流向不断地发生变化。往复流常发生在近海岸狭窄的海峡、水道、港湾、河口以及多岛屿的海区，由于地形的限制，致使潮流主要在相反的两个方向变化，形成海水的往复流动。以测流点为原点，将昼夜逐时观测的潮流矢量叠画一起，形成潮流矢量图(见图 2-7)。从图 2-7 可以看出，旋转流和往复流具有不同的特征。

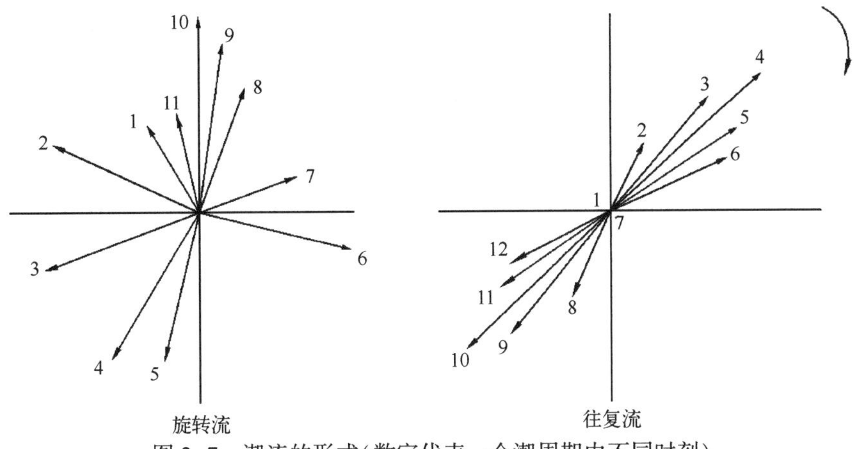

图 2-7　潮流的形式(数字代表一个潮周期内不同时刻)

潮汐现象形成的潮流是海岸带沉积物和污染物等运移、沉积的重要动力，强大的潮流可以侵蚀松散沉积物，形成潮滩，细粒物质可以在潮流的作用下长期保持悬浮状态，并被携带到远处[21]。

2.5　风

风是空气从高压区向低压区的水平流动。风有风向和风速两个方面。风向指风的来向，用 16 个方位(或 8 个方位)表示。以北向为起始方位，每隔 22.5°确定一个风向(图 2-8)。大风一般指风力等级不小于 8 级的风。风速是指空气在单位时间内流过的距离，单位一般用 m/s 表示，通用的风级表如表 2-2 所示。中国海域风的一些主要特点见表 2-3 和表 2-4。

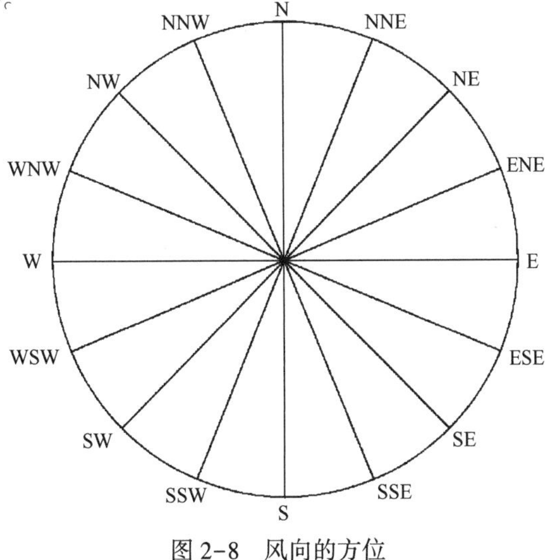

图 2-8　风向的方位

表 2-2　风级表

风级	风名	浪高/m		海面征象	陆面征象	相当风速/(m/s)
		一般	最高			
0	静风	0	0.1	海面像镜子一样平静	静，烟直上	0~0.2
1	软风	0.1	0.3	海面有波纹，但没有白色波顶	烟能表示风向，但风标不能转动	0.3~1.5
2	轻风	0.3	0.5	波纹虽小，但已明显，波顶透明像玻璃，但不碎	人面感觉有风。树叶有微响，风向标能转动	1.6~3.3
3	微风	0.5	0.9	波较大，波顶开始分裂，泡沫有光，间或见到白色波浪	树叶及微枝摇动不息，旌旗开展	3.4~5.4
4	和风	0.9	1.25	小浪，波长较大，往前卷的白碎浪较多，有间断的呼啸声	能吹起地面的尘土和纸张，树的小枝摇动	5.5~7.9
5	清风	1.25	2.5	中浪，波浪相当大，白碎浪很多，呼啸声不断，间或有浪花	有叶的小树摇摆，内陆的水面有小波	8.0~10.7
6	强风	2.5	3	开始成大浪，波浪白沫飞布海面，呼啸声大作(可能有少数浪花溅起)	大树枝摇摆，电线呼呼有声，举伞困难	10.8~13.8
7	疾风	3	4	海面像由波浪堆积而成，碎浪的白泡沫开始成纤维状，随风吹散，飞过几个波顶	全树摇摆，迎风步行时感觉不便	13.9~17.1
8	大风	4	6	中高浪，波长更大，随风吹起的纤维状更明显，呼啸声更大	可摧毁树木，人向前时感觉阻力甚大	17.2~20.7
9	烈风	6	9	高浪，泡沫纤维更为浓密，海浪翻卷，泡沫可能影响能见度	烟囱及平顶房可能受到损坏，小屋遭受破坏	20.8~24.4
10	狂风	9	11	大高浪，波浪成长形突出，纤维状泡沫更为浓密，并成片状，波浪颠簸好像槌击，浪花飞起带白色，能见度受影响	陆上少见，有时可能将树木拔起，或将建筑物摧毁	24.5~28.4
11	暴风	11	14	特高浪。中小型的船在海上有时可能被波浪所蔽，波顶边缘被风吹起泡沫，能见度受影响	陆上极少见，其摧毁力极大	28.5~32.6

续表

风级	风名	浪高/m 一般	浪高/m 最高	海面征象	陆面征象	相当风速/(m/s)
12	飓风	≥14		空气中充满泡沫和浪花，海面因浪花的飞起成白色状态，能见度剧烈降低	陆上极少见，其摧毁力极大	32.7~36.9

表 2-3　渤海、黄海、东海、南海冬季和夏季的主要风向[5]

月份	渤海	北黄海	南黄海	东海北部	东海南部	台湾海峡	南海北部	北部湾	南海南部	泰国湾
1	NW,N	NW,N	N,NW	N	N,NE	NE	NE	NE,N	NE,N	E,NE
7	SE,S,SW	SE,S	S,SE	S	S,SW	SW,S	S,SW	S,SW,SE	SW,S,W	SW,W

表 2-4　黄海、东海、南海各月平均风速(m/s)[5]统计

海区		月均风速 1	2	3	4	5	6	7	8	9	10	11	12	年均风速
黄海	38°—39°N 122°—123°E	6.3	6.0	5.6	4.8	4.7	4.5	4.5	4.5	5.1	5.9	6.4	6.9	5.4
	35°—36°N 121°—122°E	7.0	6.5	6.4	5.9	5.4	5.1	5.5	5.6	6.2	6.1	6.9	7.6	6.2
	35°—36°N 123°—124°E	7.5	7.0	6.2	5.5	4.7	4.6	5.4	5.2	4.9	6.6	6.5	7.6	6.0
	35°—36°N 125°—126°E	6.8	6.2	5.7	4.4	3.7	3.3	4.1	4.2	4.7	4.8	5.8	6.7	5.0
	33°—34°N 125°—126°E	8.9	9.1	8.1	6.6	5.8	5.0	6.0	5.2	6.8	7.5	8.3	7.8	7.1
东海	30°—31°N 123°—124°E	7.7	7.2	6.7	5.8	4.7	5.2	6.5	6.5	6.4	6.6	6.5	7.6	6.5
	30°—31°N 127°—128°E	8.8	8.1	7.4	6.7	5.6	5.6	5.5	6.0	6.8	7.0	7.2	7.8	6.9
	27°—28°N 125°—126°E	8.4	9.1	8.3	6.9	6.0	5.9	6.3	6.4	6.8	8.1	8.5	8.5	7.4
	25°—26°N 122°—123°E	9.2	8.6	8.1	6.5	5.6	5.0	5.9	5.7	6.8	7.7	9.1	8.8	7.2
	24°—25°N 119°—120°E	10.8	10.2	9.4	7.1	6.3	5.9	5.3	5.6	7.8	11.3	12.3	11.5	8.6

续表

海区		月均风速												年均风速
		1	2	3	4	5	6	7	8	9	10	11	12	
南海	21°—23°N 117°—119°E	10.0	9.30	7.6	6.5	5.8	6.0	6.2	6.4	7.2	9.9	10.1	9.8	7.9
	17°—19°N 117°—119°E	9.8	8.5	6.4	5.0	4.5	5.7	5.7	6.0	6.3	8.9	9.9	10.5	7.3
	10°—15°N 110°—115°E	9.3	8.0	6.9	4.7	4.8	7.2	7.2	7.1	6.1	5.5	8.0	9.1	7.0
	5°—10°N 105°—110°E	9.0	7.9	5.8	4.2	4.0	5.7	6.1	6.5	6.3	4.8	5.9	8.4	6.2
	0°—5°N 105°—110°E	6.9	6.2	4.6	3.1	3.5	4.7	5.0	5.1	4.4	3.7	4.0	5.9	4.8
	北部湾北部	7.6	7.1	5.5	5.6	5.2	7.0	4.1	7.0	6.7	7.6	7.6	7.8	6.6
	北部湾南部	(6.1)	9.7	4.6	4.7	3.9	4.2	6.8	5.2	6.0	7.9	(4.7)	6.6	5.9

作为一种重要的天气因素，风对海洋环境有着重要的影响，特别与表层海流的变化、海浪的发展和传播以及风暴水位涨落的程度等有密切关系。大风是海上最主要的灾害性天气之一，大风和巨浪对航运交通、港口建筑、海上作业等带来巨大的危害。大风如遇上天文大潮，通常形成风暴潮，引起海水倒灌，淹没大片土地，造成巨大损失[20]。

2.6 温度

海水的温度是海水温度计上表示海水冷、热的物理量，以摄氏度(°C)表示。海水不断地从各个方面获得热量，使海水温度升高；同时又以各种形式向外散发热量，使水温降低，这种热量的收支情况叫作海洋的热量平衡。海水温度实际上是度量海水热量的重要指标，是海洋环境中最为重要的物理特性之一。全球海表面温度分布状况如图 2-9 和图 2-10 所示。

水温除有显著的地区差异外，还有明显的日变化、季节变化和多年变化。一般来说，在晴天风平浪静之时，表层水温的日变化与气温的日变化趋势一致。日最高水温出现在午后 13~15 时，日最低水温发生在日出前的 4~6 时。水温极值出现的时间比气温要落后 2 h 左右。通常，沿岸浅水区水温的日变化较大(有的达 3~4℃)，海区中央及深水区的水温日变化较小。表层的水温日变化大，深层日变化小，各层水温日变

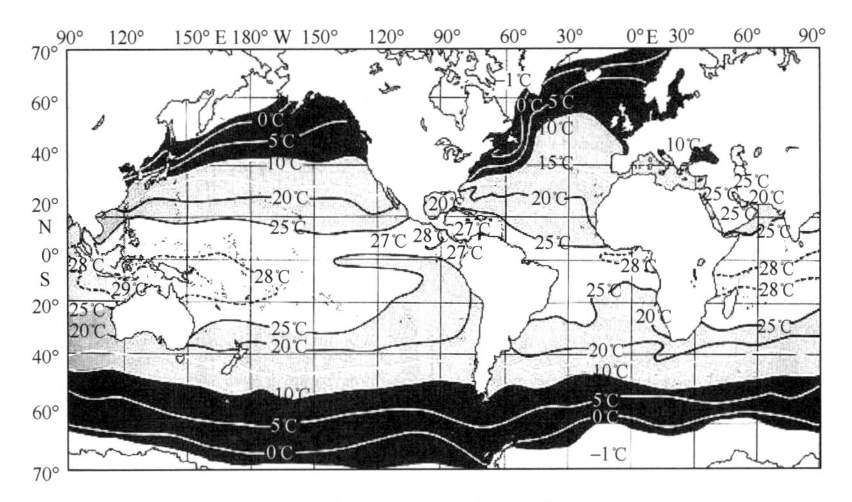

图 2-9　全球海表面温度分布状况(2 月)

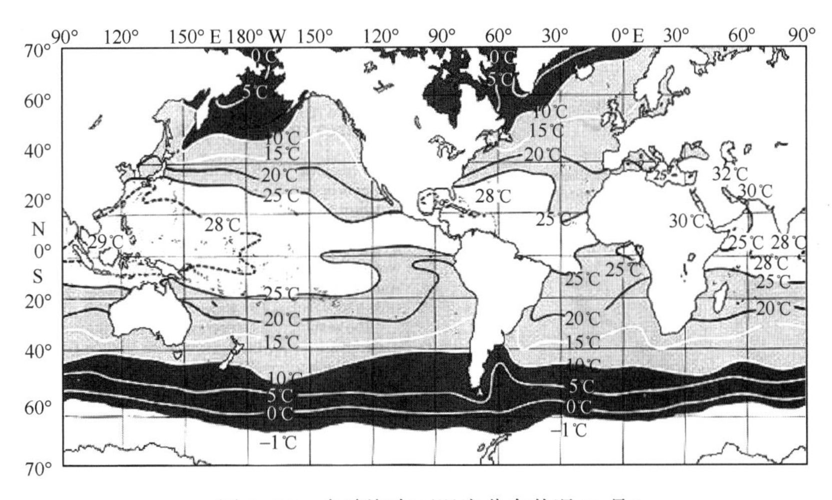

图 2-10　全球海表面温度分布状况(8 月)

化的幅度随深度的增加而减小。据资料分析得知，中国近海水温以 8—9 月最高，1—3 月最低。最高值出现以表层最早，表层以下最高值出现的时间随深度增加而推迟，底层最晚。表层和底层最高温度出现的时间可相差 1~4 个月。与最高水温出现的时间不同，最低水温出现的时间从表层到底层基本上是同时的，相差仅 1 个月左右。中国海域中，渤海和黄海北部易受大陆气候的影响，水温的季节变化最大；黄海南部和东海的水温与海流、水团的分布关系密切；南海的水温状况显示出若干热带深海的特征——终年高温，地区差异和季节变化都小。

海水温度影响着许多物理、化学和生物学过程。海洋生物的生命活动，如代谢、性成熟、发育、生长以及数量分布和变动等都与温度有着密切的关系。海水温度同时又是一个影响着海洋生物种类地理分布的重要非生物性环境因子。海洋生态系统功能的实现也与温度密切相关，例如海洋自净能力、物质循环等。温度的变化影响着海水的密度，进而引发海水的垂直运动，促进富含氧气的表层水和富含营养盐的底层水交换。

2.7 盐度

盐度(salinity)是海水含盐量的一个标度，指每千克海水中溶解固体物的总克数。海水是含百余种盐类的复杂混合溶液，每1 000 g海水中约有965 g是水，其余35 g是溶解的各种盐类，其中包括无机物和有机物，在35 g溶解盐类中，55%是氯。全球海洋表层盐度的分布状况如图2-11所示。

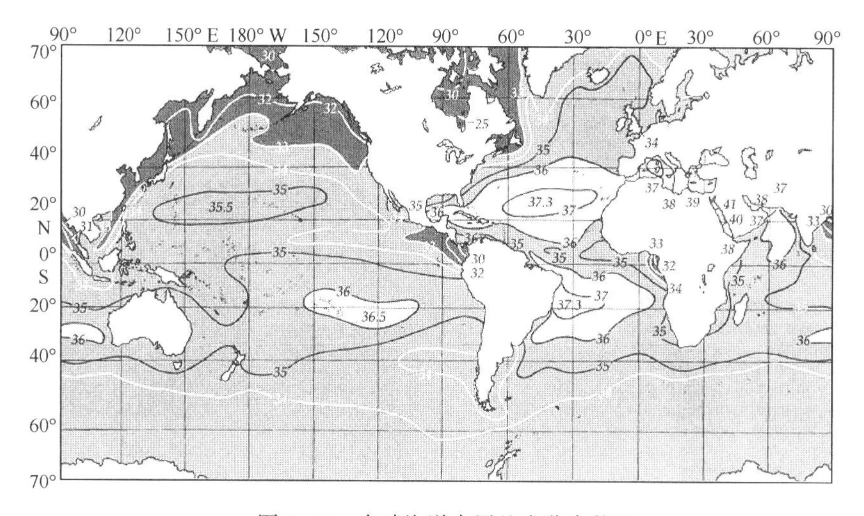

图2-11　全球海洋表层盐度分布状况

海水中的盐度与蒸发、降水、江河入海径流以及海水的流动有关。近岸和河口海域，由于受日周期变化和雨季的季节性变化的影响，尤其是江河入海径流量的影响，变化非常剧烈，但一般不超过30。而越远离大陆，其盐度一般也越大，大洋表层的盐度为32~37，平均为35。在不同海区，不同深度的盐度均有变化，即使同一海域也表现出季节性变化和日变化。中国近海的沿岸海域，多为江河入海径流所形成的低盐水系，其盐度空间分布的特点是：表层低，深层高；近岸低，外海高。

海水盐度对海洋生物的生活和生长具有重要影响，这种影响主要表现在海水盐度对海洋生物渗透压和密度(比重)的作用上。由于海水盐度影响海洋生物的渗透压调节，所以盐度会影响海洋生物的分布。海水盐度能够影响海洋动物个体的大小，通常低盐度海水中生活的个体要小于生活在高盐度海水中的同种个体(例如波罗的海海域不同海水中生活的紫贻贝等)，有些种类的幼体生活于低盐度海水中，而成体生活在高盐度海水中(例如中国对虾)。海水盐度还能够影响海洋动物的生殖活动，许多海洋动物对生殖区有一定的盐度要求。例如，中华绒螯蟹和鳗鲡虽然生活在淡水水体中，但生殖过程必须在海水中完成；而大麻哈鱼大部分时间生活在海水中，到繁殖季节则溯河而上进入内河繁殖。

2.8　泥沙

海水中悬浮的泥沙，是指经过水体运动、风力、波浪等外力作用悬浮到海水中的泥沙颗粒。海水中泥沙的来源主要有河流入海泥沙、海滩及岛屿侵蚀泥沙、风沙、海洋生物残骸形成的泥沙。近海泥沙运动形式大致可分为悬移质泥沙、推移质泥沙和跃移质泥沙三类。大颗粒的泥沙很快能够沉降并沉积到海底，形成海洋沉积。而小颗粒的悬移质泥沙在水体浪、流的作用下，沉降较慢，能够在海水中悬浮较长时间，并随水体到处移动。

海水中悬沙含量的垂直分布与季节变化有关，夏季多由表层至底层逐渐增大，冬季在东北风的作用下，海底掀起的泥沙各处分布不均，无明显垂向分布规律。此外，一般来说，涨潮时海水中悬沙含量逐渐增高，落潮时海水中悬沙含量降低。海洋中悬浮颗粒的存在对海洋环境的影响还表现在影响海洋水体的水色和透明度。河流泥沙作为河口三角洲发育演变的重要物源，对河口海岸、三角洲等的淤进堆积都有重要作用[12]。

第3章　海洋物质资源开发利用

3.1　海洋生物资源

海洋生物的种类非常多，海洋中的生物资源极其丰富，地球动物的80%都生活在海洋中。依据不同的分类标准，可以对海洋生物资源进行不同的分类。按照生物学特性分类，海洋生物资源分为海洋植物资源、海洋动物资源和海洋微生物资源；按照生态类群分类，海洋生物分为浮游生物、游泳生物和底栖生物三大生态类群。

我国海洋生物资源丰富，气候条件优越，入海河流众多，水体营养物质充沛，大陆架宽广，光照充足，因此我国海域十分适合海洋生物的繁殖生长，海洋生物资源量大。据统计[22]，我国近海已确认20 278种海洋生物。海洋中鱼类约有万种，我国已记录的海鱼有2 014种，具有经济价值的约有150种；藻类共有约1万种，其中可供人类食用的约有70余种。我国诸海区每平方千米的生物产量为2.67 t(平均值)，总生物产量为1.26×10^7 t[23]。

丰富的海洋生物资源不但是人类生存环境的基本组成部分，同时还被人类广泛利用，是支持人类生存与发展的物质基础。我国对海洋生物资源的利用方式与国际的基本相同，主要在食用、饲料和药用等几个方面[23]。对海洋生物资源的开发利用，首要的是海洋生物资源的食用价值。自20世纪90年代早期起，水产品直接食用比例开始增加。在20世纪80年代，约有71%的鱼用于食用，并逐渐增至2010年的81%。除去食用外，非食用部分约有75%用于制作鱼粉和鱼油，25%主要用作观赏、养殖(鱼种、苗等)、饵料、制药、水产养殖以及牲畜和毛皮动物直接投喂的原料。

(1)海洋生物资源的食用利用方式。这是人类开发海洋的最重要目的，海洋生物早就成为我国人民食物的一部分。“鱼盐之利，舟楫之便”中的“鱼盐之利”证实我国利用海洋生物的悠久历史。我国的海洋生物获取是通过捕捞和养殖两种途径，捕捞和养殖的数量都十分庞大，我国是当前世界上最大的渔业生产国。我国渔业产量不仅在世界中占有较大份额，而且近些年呈现不断增长的态势。根据联合国粮食及农业组织(FAO)最新发布的《2018年世界渔业和水产养殖状况》的内容，我国海洋总渔获量保持稳定，产量居世界首位。海水产品除了直接鲜活利用外，很大部分是经加工后食用的。我国海洋水产加工具有悠久的历史，但在相当长的历史时期内，海洋水产加工品仅限于干制品、腌熏制品和罐制品三大传统产品。从20世纪五六十年代起，随着冷冻技术和冷库建设的发展，已开始进行冷冻保藏。近年来，我国各种水产品加工手段得到逐步完善，新开发的各式水产休闲食品、海洋保健食品在市面上得到消费者的青睐。

(2)海洋生物资源的饲料利用方式。30年来，在“以养为主”方针的指导下，我国渔业取得了飞跃发展，特别是海水养殖业发挥了主导作用。与此同时，我国水产养殖业发展势头迅猛。随着水产养殖业的不断发展，投放饲量也逐年攀升，而饲料的生产很大部分是源自海洋生物资源。据统计，我国的水产饲料年产量超过1.8×10^{7} t，鱼粉作为饲料重要的蛋白源，我国每年的需求量大于2.6×10^{6} t。鱼粉可用整鱼、鱼的边角料或其他鱼副产品制作。世界鱼粉生产国主要有秘鲁、智利、日本、丹麦、美国、俄罗斯和挪威等。我国是世界上最大的鱼粉消费国，鱼粉消耗量是世界鱼粉总产量的25%。此外，一些水产饲料的制作还利用了鱼油或是海藻制品。

(3)海洋生物资源的药用利用方式。海洋药物是指以海洋生物为药源，运用现代科学方法和技术研制而成的药物，李太武主编的《海洋生物学》对海洋生物的药用价值做了详尽的叙述。海洋生物资源比陆地生物资源更为丰富，因此药源广。同时，海洋生物生活在特殊的环境中，形成了独特的代谢方式，从而产生了大量结构新颖的化合物和新的生化过程。适合作为药物的海洋生物众多，绿藻类可用于治疗喉痛、中暑、水肿等，如石莼、孔石莼；褐藻类可用于治疗甲状腺肿大、颈淋巴结肿大、慢性支气管炎等，如海带、羊栖菜；红藻类可用于治疗甲状腺肿大、高血压等，如条斑紫菜、坛紫菜。珊瑚类的药用石灰质骨骼有止呕、止咳、治霍乱等诸效。软体动物中石鳖类可治颈淋巴结结核，腹足类可治眼急性发炎、胃溃疡等。

总之，我国对海洋生物资源的开发利用涉及方方面面，它们不仅为我们的生存提供了基本的食物、药物，给我们的生活增添了更多色彩，而且还支持着我国持续健康的发展。我国虽然对海洋生物资源开发利用的程度日益加深，但是还有许多未挖掘或有待完善深化的资源。

3.2 海洋化学资源

海洋化学资源是指深存于海洋巨大水体中的各种化学元素，它是海洋资源中利用潜力最大的一种资源，主要包括海盐资源、常量元素资源和稀有元素资源。其中，海盐资源指海水中所含有的并易直接提取的盐类资源；常量元素资源指海水中的常量元素资源，如镁、钾等；稀有元素资源指海水中所含的稀有元素资源，如溴、铀、氚等。人类已经在地球上找到了100多种元素，其中约80%可以在海水中找到[22]。对这些化学资源的利用，就是要采取一定的提取技术，将其变成人类需要的化学品。

海水中的化学资源可广泛应用于生活、生产、军事等方面。我们熟知的利用历史最悠久、数量最多的当属海水制盐(氯化钠)。海盐除了作为食用外，还是制造烧碱、纯碱、盐酸、肥皂、染料、塑料等不可缺少的原料。镁是机械制造工业的重要金属材料，在飞机、船舶、汽车、武器、核设施的制造上都离不开镁。溴在工业上可制造燃料抗爆剂，在农业上是杀虫剂的重要原料。铀是高能燃料，在经济建设中可用于建核电站，军事上可制造原子弹，用作核潜艇、核动力航空母舰的燃料。

我国十分重视海水化学资源的利用，并且海水制盐工艺已经成熟。2004年以来，我国海盐产量都在2.5×10^7 t以上，有的年份甚至高达3.8×10^7 t，占我国原盐总产量的三成左右，长期居世界第一位[24]。我国海水提溴主要采用空气吹出法，20世纪90年代形成产业化。海水提镁方面，不同品种氢氧化镁总的生产能力为每天5×10^4 t，其方法主要有合成法与水镁石法。我国海水提钾主要致力于天然沸石法。此外，我国还大力开展海水提铀、海水提锂等微量元素的研究。

3.3 海洋矿产资源

海洋矿产资源指储存在海洋水体中天然产出的各种固态、液态和气态物质的富集体，该富集体是从经济角度具有开采价值，从技术角度具有利用价值的无机体或有机体。据法国石油研究院的估计，全世界海洋石油可采储量为1.35×10^{11} t[22]。据美国专家统计，世界有油气的海洋沉积盆地面积有2.64×10^7 km^2[22]。我国邻近海域油气存储量为40余亿吨，亚洲一些国家还发现许多海底锡矿。我国大陆架浅海区广泛分布着铜、煤、硫、磷和石灰石等矿产资源。

煤矿是一种重要的海洋矿产，世界上主要的海洋煤矿开采国有英国、日本、智利、加拿大等。英国是世界上最早在海底采煤的国家，从17世纪初至今已有近400年的历史[22]。我国的海底含煤岩层主要分布在黄海、东海和南海北部以及台湾岛浅海陆架区。含煤岩系厚达500~3 000 m，主要煤类型为褐煤，其次为长褐煤、泥煤和含沥青质煤等。

海底天然气水合物广泛分布于海底和大陆高纬度地区的冻土带中，是由天然气与水在高压低温条件下形成的类冰状的结晶物质。因其外观像冰一样而且遇火即可燃烧，所以又被称作“可燃冰”或者“固体瓦斯”和“气冰”。作为能源，其优点是清洁高效，1 m^3的天然气水合物分解后可生成164~180 m^3的天然气，其燃烧排放的污染物一般比煤、石油、天然气都要低。而且天然气水合物储量极为丰富，据估计它的资源量可供人类使用 1 000 年，因而各国都视其为未来石油、天然气的替代能源。

3.4　海水资源

1. 海水淡化

海水淡化即利用海水脱盐生产淡水，是实现水资源利用的开源增量技术，可以增加淡水总量，且不受时空和气候影响，可以保障沿海居民饮用水和工业供水。

当前，国际上广泛应用的是蒸馏法中的多级闪蒸、多效蒸馏以及膜分离法的反渗透海水淡化技术。海水淡化已取得良好效果，至 2018 年，世界上已有 120 多个国家运用海水淡化技术获取淡水，全球有海水淡化厂 1.3 万余座，海水淡化日产量约 5.56×10^7 m^3，相当于 0.5%的全球用水量，我国海水淡化技术的应用相对较迟。全国已建成最大海水淡化工程规模 2×10^5 t/d[22]。我国海洋淡化水，主要作为工业用水和海岛居民生活饮用水。海水淡化工程在沿海九省市分布，主要是在水资源严重短缺的沿海城市和海岛。

2. 海水直接利用

海水直接利用主要包括工业用水、大生活用水与农业灌溉，海水的直接利用可以代替并置换出大量的淡水。经济发达国家较早地在工业中应用海水。全球用于工业冷却的海水总量已超过 7×10^{11} t/d。随着我国工业的发展，海水作为冷却用水也逐年攀升，从 2005 年的不到 5×10^{10} t，上升到 2014 年年底的 1.09×10^{11} t[24]。海水直流冷却以原海水为冷却介质，经换热设备完成一次性冷却后就直接排放。《中国近海海洋——海水资源开发利用》研究显示，电厂是海水直流冷却的最大用户，国内 70 多家电厂采用海水直流，大型电厂尤其是核电站海水利用量十分巨大，如大亚湾核电站海水直流冷却总规模高达 3.9×10^5 t/h[23]。海水循环冷却是在海水直流冷却技术和淡水循环冷却技术的基础上发展起来的，它是对海水的多次利用，比直流冷却技术更先进、环保。

农业用水量比工业更多，科学家在 20 世纪初就开始探讨如何将海水应用于农业灌溉。美国学者在加利福尼亚、墨西哥的沙漠地区也开展实验，发现和培育了适盐生长的植物，可以在一定程度上替代淡水品种。我国也在进行各种实验，诸如海蓬子、大米草等耐盐植物的栽培实验，以及豇豆、西红柿和水稻等经济作物和粮食品种的耐盐实验。近年来，毕氏海蓬子这一耐盐经济作物正逐步在中国沿海地区推广。

第4章　海洋空间资源开发技术

4.1　海洋空间资源概述

辽阔的海洋空间是一种潜力巨大的海洋资源。随着世界经济的发展和人口的增加，地球陆地空间已不能满足人类生存的需要。特别是在沿海地区，土地供应不足的问题已经成为限制经济发展的瓶颈。向海洋寻求发展空间已经成为人类的必然选择。

近期海洋空间开发主要集中在海岸和距离海岸不远的近海区域。随着现代高新技术的发展，除了作为传统利用的海洋运输、港口码头外，海洋空间资源(marine space resources)为人类提供了新兴的生产、生活空间，诸如海上人工岛、海上工厂、海上城市、海上道路、海上桥梁、海上机场、海上油库、海底隧道、海洋公园以及海洋合理倾废场所等。随着海洋开发技术和交通系统的发展，海洋空间开发将扩展到海上、海中乃至海底，开发的规模和内容也将日趋扩大和复杂。

4.2　海洋空间资源的开发利用方式

本小节主要介绍海岸带空间资源、海洋水面空间资源、海洋水层空间资源和海底空间资源的开发利用。

1. 海岸带资源开发利用

海岸带是海洋和陆地相互接触与相互作用的地带。狭义的海岸带是海岸线向陆、海两侧各扩展一定宽度的地带，一般认为向海延伸至20 m等深线，向陆延伸10 km左右。从全球变化的观点出发，根据国际海岸带陆海相互作用(LOICZ)研究中的定义，海岸带是陆地和大洋之间相互影响的过渡地带，包括径流或漫流直接入海的流域地区、狭义海岸带和大陆架三部分。海岸线以上区域分布着土地、河流、山丘、森林、草地、沼泽、湿地等，存在淡水资源、海水资源、生物资源、盐业资源、矿产资源、旅游资源、海洋能源等实物资源，也分布有土地资源、湿地资源、港口资源、岛屿资源等空间资源。海洋资源开发最活跃、开发强度最大的区域就是狭义的海岸带区域。

海岸带的滩涂部分是陆海间的过渡带，是海岸带地区平均低潮线以上的海滩。由于地形条件的不同，滩涂的宽度也不一样。在基岩海岸，滩涂宽度一般很小，只有数米至数十米宽，而在淤泥质平原海岸地区，滩涂的宽度可达数百米至数十千米。在沿海滩涂进行的开发活动主要有盐业、海水养殖业、滩涂花卉草坪业、滩涂旅游业、开辟自然保护区、滩涂围垦造地等。海岸带的浅海部分，是海洋捕捞、海水养殖、滨海矿砂开采的重要场所，也是进行海上人工岛、海上城市、海上机场、海上工厂和海洋仓储等建设的重要空间。

2. 海洋水面空间资源开发利用

海洋水面指广阔的海洋水体表面，可用于海运、建设海上设施、旅游、军事等。

随着经济的发展，世界经济一体化趋势越来越明显，海上远洋运输具有运量大、成本低等特点，成为国际交流的主要方式。海洋水面上可建造大型、超大型浮体结构，成为人类生活、旅游、娱乐、仓储等活动的重要场所，亦是进行各种体育活动，如赛艇、冲浪、垂钓及军事舰船等活动的最佳场所和重要基地。

3. 海洋水层空间资源开发利用

海洋水层空间指广阔的海洋水体表面之下的巨大空间，海洋平均深度 3 800 m，最深处在马里亚纳海沟的斐查兹海渊，深度达 11 034 m。巨大的海洋水层空间，可用于交通、潜水旅游、海水养殖、海上牧场甚至倾废等活动，也是军事上潜艇活动的重要场所。例如，为了处置受到污染的疏浚土，荷兰在近海建造了一个蓄泥坑，这是一个中心低于海床 28 m、四周高出海床 20 m 的围堰围住的大凹槽。蓄泥坑容量 1.5×10^6 m^3，1987 年投入使用，专门用于弃置航道和港区维护疏浚中受到污染的疏浚土，可以使用 15 年[25]。

4. 海底空间资源开发利用

巨大的海底空间资源得到的开发利用越来越多，主要有建设人工鱼礁，铺设海底管线及光缆，建造海底隧道、海洋仓储基地、垃圾倾废场和海底军事基地等。

4.3 港口航道资源

1. 港口航道资源概述

人类最早对海洋资源的利用就是“渔盐之利，舟楫之便”，二者是传统的海洋空间利用方式，其中“舟楫之便”实际就是利用海洋资源中的港口及航道资源。

海洋交通运输依靠的就是海洋提供的海港码头及其间相互连接的海上航线。海港是海洋运输的重要组成部分，既是船舶停靠的场所，又是海运货物的转运场所，90%以上的国际贸易货运量靠海洋运输完成。《2019 年中国海洋经济统计公报》显示，我国 2019 年海洋生产总值为89 415 亿元(图 4-1)，比上年增长 6.2%。其中，滨海旅游业、海洋交通运输业和海洋渔业作为海洋经济发展的支柱产业，其增加值占主要海洋产业增加值的比重分别为 50.6%、18.0%和 13.2%。2008—2018 年我国海洋航运业增加值和增速如图 4-1 所示。

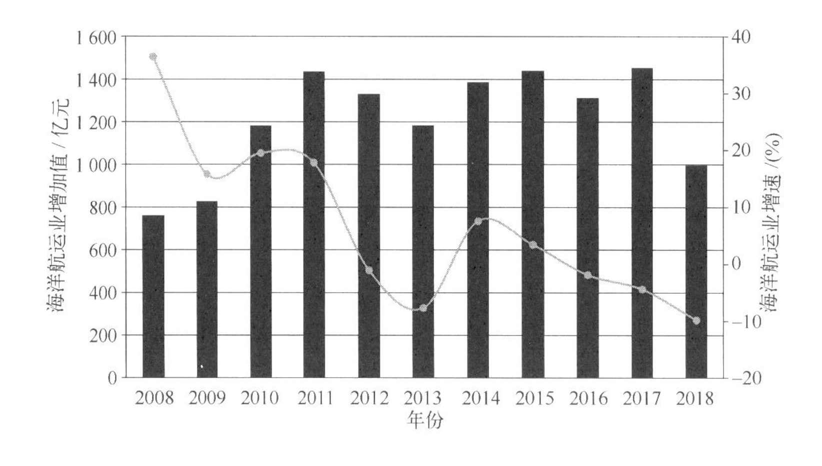

图 4-1　2008—2018 年我国海洋航运业增加值和增速

我国大陆海岸线北起鸭绿江河口，南到北仑河口，长达 18 000 余千米，港口资源比较丰富，可供建设中级泊位的港址有 160 余处，可供建设万吨级以上泊位的港址有30~40 处。截至 2018 年年末，全国港口拥有万吨级及以上泊位 2 444 个，比上年增加 78 个，其中，沿海港口万吨级及以上泊位 2 007 个，增加 59 个(见表 4-1)。据 2018 年数据显示，全国港口完成货物吞吐量约 1.44×10^{10} t，其中，沿海港口完成 9.46×10^{9} t，增长 4.5%[26](见表 4-2)。

表 4-1　2018 年全国港口万吨级及以上泊位数量

泊位吨级	全国港口		沿海港口	
	个数/个	较上年增长/个	个数/个	较上年增长/个
合计	2 444	78	2 007	59
1 万~3 万吨级	845	11	656	5
3 万~5 万吨级	416	17	294	9
5 万~10 万吨级	786	24	672	19
10 万吨级及以上	397	26	385	26

表 4-2　2014—2018 年全国沿海港口货物吞吐量

年份	2014	2015	2016	2017	2018
吞吐量/$\times 10^8$ t	80. 33	81. 47	84. 55	90. 57	94. 63

2. 港口航道资源开发的必要性

海洋交通运输最大的特点是运量大、费用低、占地少、能耗低、污染小、经济效益高。交通运输的方式主要有陆、海、空三种，其中陆地运输受地形影响较大；空运虽然快捷，但受限于运量少、运费昂贵等因素；只有海运，可以将世界各大洲的 120 多个国家紧密地联系在一起，加之运费便宜、运量大等优点，成为国际运输的主要方式。特别是随着现代科技的发展，造船技术得到了相应的发展，海洋船舶的大型化进一步强化了海洋运输业的上述优点。世界上工农业生产和科学技术比较发达的国家，其水运也是比较发达的。例如，美国、德国、荷兰和俄罗斯等国家，基本上都已建成了四通八达的航道网，其货物周转量仅次于铁路运输，在国民经济中占有重要的地位。

在经济全球化的推动下，港口是国际连接通道的重要节点。近年来，我国港口吞吐量保持快速发展，同时功能性明显提升。概括起来，港口对城市经济发展发挥了如下三个层次的影响[25]：①促进经贸与产业积聚，从对外贸易发展来看，我国近 90% 的物资需要通过港口和海运完成，这一特点有力地促进了对外贸易向港口城市的整体积聚，并呈现进一步积聚的特征；②推动区域城市一体化发展；③推动港口所在城市经济发展。

3. 港口航道资源开发的原则

港口航道资源开发的原则有以下七点[13,25]。

(1)港口建设应符合国民经济发展总目标的要求。根据国民经济发展规划、综合运输网络规划、地区性开发计划、内外贸易发展前景、主要客货量流向以及地理位置、自然条件等因素加以制定，明确港口的性质、功能，统筹安排，远近结合，分层次地进行规划和建设。

(2)综合平衡，合理布局，大、中、小港口结合建设。为适应国际集装箱运输网络的发展，港口建设应对各地区的集装箱干线港和支线港进行合理规划，有重点地建设一批大型港口，发挥枢纽港的作用。同时，建设一些满足地方经济发展和起到分流输运作用的中小港口。在一个港口内，还应依据自然条件的特点，配套建设深水泊位、中级泊位和浅水泊位，泊位的大、中、小结合建设将有利于实现合理运输并能取得较好的社会经济效益。

(3)遵循深水深用、浅水浅用的原则，充分利用水域条件，合理使用岸线。港口规划应充分利用岸线的自然优势，做好岸线的分配和使用，优先保证能建深水泊位的岸线留作建设，使我国宝贵的深水岸线资源得到充分合理地使用。

(4)节约用地，少占用或不占用农田。港口建设除本身占用土地外，附属设施及公路、铁路往往也占用大量土地，足够的陆域面积是保证港口具有一定通过能力的重要条件之一。工程建设节约用地，少占用或不占用农田是我国的一项重要国策，在港口建设中必须始终贯彻。因此，港口建设需要注意节约用地，陆域布置应力求紧凑，选址时应着眼于荒滩、潟湖、洼地的利用，利用疏浚或陆上土源人工造陆。

(5)充分注意港口发展的内、外部条件和各环节的同步建设。港口内部建设应力求合理，航道、锚地、码头岸线、装卸设备、通信导航等环节和各项辅助设施应互相配套，搞好与港口有关的城建、公路、水运、水、电等外部条件的配套建设。新建码头的装卸、储存、集疏运等各环节应同步建设，协调发展，以确保港口综合能力的形成和发挥。

(6)建立完善畅通的集疏运系统，因地制宜地发展多种集疏运方式。集疏运系统是保证港口畅通，提高综合生产能力的最重要条件。港口规划要综合考虑与铁路、公路、水路等多种集疏运方式的合理衔接，这不仅有利于提高港口集疏运能力，还会大大提高港口营运的灵活性。

(7)港口规划要体现可持续发展的理念。港口在建设和运营过程中，会产生噪声、粉尘、海底淤泥等，对周边城市、居民、环境产生影响，这些问题必须通过防护措施加以消除。环境保护是我国的基本国策，包括港口在内的交通事业的发展必须采取相应的措施，加强环境保护。因此，港口在规划、设计、施工和运营的各个环节都要严格地执行国家关于环境保护的法律法规，港口的规划、选址要采取对环境和海洋生态影响最小的方案，对于具体的港口建设项目要完善前期工作的环境影响评价机制，加强对于环境敏感地区的建设项目方案比选，从源头上减少或防止建设项目对环境的不良影响，达到经济效益、社会效益和环境效益的统一，实现港口的可持续发展。

4. 港口航道资源开发的条件

在港口规划工作中，只有对港口现状作出客观、真实的评价，对未来吞吐量发展趋势进行科学的预测，才能提出切实可行、符合实际的规划方案，发挥投资的最大效益。港口现状的调查工作应包括港口的自然条件、港口的地理位置、腹地的经济、交通状况等多方面。

港口自然条件调查：自然条件调查应包括地形、地质、气象、海象等在内的自然条件，这是港口建设的先决条件(表 4-3)。

表 4-3　自然条件调查项目

分类		调查项目
地形	陆上地形	1：5 000~1：2 000 地形图、局部 1：500 地形图、海岸稳定性
	水下地形	1：5 000~1：2 000 水深图、海区海图
	河　流	流量、流速、含沙量、河流变迁、沙洲及其稳定性、季节变化
地质	土壤类别	沙土类、黏土类，海相、河相沉积土
	基岩埋深	基岩标高、基岩性质
	土壤性质	贯入击数、物理力学指标
气象	风	风速、风向玫瑰图，最大风速
	台　风	通过频率、路径、大小，海岸设施破坏情况
	其　他	气温，月最高、最低平均气温，降水量，降水日数，雾日及能见度
海象	潮　汐	潮汐类型、特征潮位、河流潮区界、增减水
	海　流	潮流椭圆、余流、流路
	波　浪	波浪玫瑰图、特征波要素、台风期波要素
	泥　沙	含沙量、粒径、运动特性、主要方向、输沙量
地　震		震级、烈度鉴定
环境条件		水质、绿地植被、海岸侵蚀、污染
海岸地貌		预计未来海岸冲淤变化

港口规模的确定：港口规模的确定，是港口规划与建设中的核心问题。总结 50 年来港口建设的经验教训，工程上出现的问题比较少，但如果工程项目的定性(如码头的功能)不适当或由于配套设施不合理而不能发挥效益，则会损失巨大。在宏观上考虑港口规模时，除直接与项目任务有关外，尚应留有今后发展的可能性，在布局上

要有灵活性。

港址选择的基本因素：①港址与腹地之间的关系。港口为运输枢纽，服务于腹地内经济发展的需要。比较不同港址的运输总费率，为腹地提供最便利的条件。②港址与港口功能的关系。随着船舶的大型化与专业化，原有港口增建深水港区，一般是在邻近地区自然条件较为良好的海岸建设新港。③港址与城市之间的关系。港口与城市互相依存，但也互为矛盾，港口需要有城市为依托，但港口又往往增加了对城市的污染与干扰，对有污染性质(如煤炭、矿石等)且疏运量大的码头，选址应尽量远离市区。④注意节约用地和少占用优良岸线。土地及海岸线是不可再生的空间资源，选址中应尽量注意不占用良田及少占用海岸线。

5. 港口航道资源开发的方式

根据港口功能选择自然条件适当的港址，既可节约工程费用，又可使港工建筑物对环境的影响减至最小。针对不同的地貌特征，港口建设的模式大体上可以分为三类，即利用天然地形、大规模的疏浚与填筑式和挖入式三类。挖入式与填筑式两种类型的特点列于表 4-4 中。在工程实践中，三者之间往往也无明确的界限。

表 4-4　挖入式布置和填筑式布置比较

挖入式布置	填筑式布置
岸上可利用土地广阔	岸上可利用土地受到限制
土地价格便宜，搬迁少	土地价格高昂，搬迁难
防波堤建设费用高	防波堤建设费用不算太高
海岸比较陡峭	海岸平缓，水浅
建成后发展扩建困难	建成后发展扩建较容易

利用天然地形建港。利用天然地形建港是指以利用天然地形条件为主，拟定适宜的工程方案，非大量改变原有地貌形态。各种地貌形态的建港模式如图 4-2 所示。

大规模疏浚与填筑式建港。对于在大面积底坡平缓的浅海区建港，为减少防护建筑物及航道的长度，往往将港址向外海推移，采取大规模疏浚造陆的方式。建港模式按其与陆地连接方式，分成半岛式和岛式两种。岛式亦是大量疏浚填筑方式建港的模式，其与半岛式的差别在于后者与陆地的连接仅通过狭长的引堤或栈桥。我国的天津港是典型的半岛式，日本神户港是典型的岛式。

挖入式建港。在海岸以内有大面积洼地可以利用的情况下，采取挖港池填高陆域方式建港。进港航道不建防波堤而建导流堤，码头结构甚至可以陆地施工，港口规模的

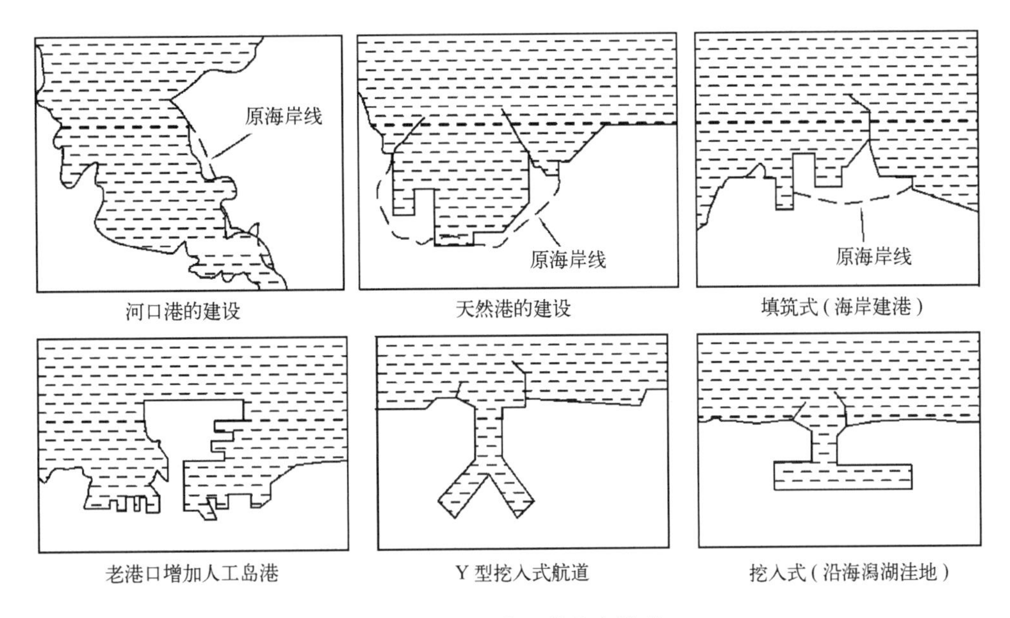

图 4-2　港口布置的基本类型

扩大可以采取向内陆增挖港池方式，工程较易实现，这些是挖入式建港的优点，同时由于陆域形成面积大，有利于发展工业港。日本苫小牧港和我国的唐山港属于这一类型。

挖入式建港按其位置的不同，有海岸型和河口型两种，海岸挖入式（苫小牧港）须单独建入海航道及导流堤。河口型（荷兰鹿特丹港的欧罗波特港池）则利用现有河口的入海航道，不需重建航道，工程较节省，但原有航道的尺度及能力，应能满足新选港址的要求。

6. 港口航道资源开发的趋势

港口作为传统的海岸工程设施，在 21 世纪仍有很大的发展潜力，我国沿海除已有的 130 多个海港，可供选择的新港址还有 160 多处。为适应国际贸易需求，运输船舶向大型化发展的趋势，港口的规模将越来越大，对航道水深要求也越来越高。而在有限的有掩护的天然深水港址开发殆尽之后，港口建设逐步进入水深浪大、环境条件恶劣的海域。传统的港口工程结构因其造价高昂、技术复杂、施工困难等因素远不能满足深水港口建设的要求。进入 21 世纪后，人们关于海岸与港口开发的观念发生了重大的转变[25,27]：①综合考虑对海底地质、海岸侵蚀、泥沙运动、生态环境变化与海洋污染等的影响，以利于海岸带的可持续开发；②综合规划填海造地工程，将交通、工业区、港口和沿港湾海岸风景区的开发有机地结合起来；③为适合水深浪大、软弱地基、引入海水交换改善港内水质环境且造价低廉的需求，港口工程结构形式向透空式结构、消能式结构及多功能型结构等新型结构形式发展；④为达到保护海岸和不破坏生态系统且具有观赏性的目的，与生态系统相协调的人工礁(宽幅潜堤)及缓坡护岸等结构将取代传统的护岸、海堤等结构形式。

7. 港口航道资源开发的管理

港口资源价值取决于四个方面：①港口的自然条件。涉及水深、风浪、气候、土质、海港陆域等自然地理因素。②港口的集疏运条件。港口配套的交通畅达条件决定港口的辐射范围，影响港口的吞吐量。③相关企业的相邻程度。港口的生存与发展离不开充足的货源，而货源状况与其腹地状况密切相关，工业开发区等货运大户的相邻空间及其经济发达程度，是港口岸线价值的经济依托。④港口的服务设施条件。完善的通信、金融、保险、供水、供电和优良的生态环境是港口吸纳人才、货源，提高港口管理水平和运输效率的重要保证。其中第一项是客观存在的，其余三项是可以使得港口资源价值不断攀升的必要条件。

我国海洋空间资源管理主要集中在港口资源、海上交通运输和海岸带管理方面。在海洋空间资源开发不断增长的情况下，我国对海洋空间资源管理的主要内容有：①根据《中华人民共和国海域使用管理法》的要求和我国海域功能区划，审批海洋空间资源的使用；②管理海洋空间资源利用的合理布局，如海港建设和海上机场建设在项目选址、论证、评价等方面的管理工作；③进行海域利用的协调管理，如对开发项目使用区域的重叠与交叉矛盾、开发项目对其他海洋资源的消极影响、不同主管部门对空间资源利用意见的矛盾等问题的处理和协调等。

4.4 港口航道资源开发利用与技术国内案例剖析——上海洋山深水港

1. 概况

洋山深水港区是我国在外海建设的最大港口工程，它位于杭州湾外海崎岖列岛中，距上海市南汇嘴 27.5 km，港址选在最靠近上海市的深水海域。洋山港从 1996 年 4 月起历经了 6 年选址规划，于 2002 年 6 月开工建设，经过 6 年的艰苦施工，于 2008 年 12 月相继完成了洋山港 1~3 期工程(见图 4-3)，建成了码头岸线 5 600 m，可以停靠 8 000~12 500 国际标准集装箱(TEU)泊位 16 个，是年吞吐量达 9.3×10^6 TEU 的世界级集装箱港区[28]。

图 4-3　洋山深水港

2. 深水港区选址

进入 20 世纪 90 年代，全球经济一体化使国际航运得到了迅速发展，上海港集装箱历年增产率 28%以上。为应对国际集装箱船大型化的趋势，上海急需建设具有 15 m 水深的枢纽港。建设深水枢纽港区必须具备两个基本条件：深水泊位及深水航道。对于上海选择深水港的港址曾经有多种方案，归结起来不外乎两种：整治长江口航道，在长江沿岸建深水港区；跳出长江口，在长江口外选址建深水港。

整治长江口航道，在长江沿岸建深水港。由于上海港通海航道水深不足，码头前沿水深较浅致使上海港无法接纳第五、第六代以上远洋干线集装箱船，制约了上海和长江三角洲地区的经济发展。长江口航道整治方案经过三个阶段实施后，最终达到 12.5 m 水深。整治使得长江口航道可以满足第三、第四代集装箱船全天候进港，第五、第六代干线集装箱船仍需乘潮进出港，且存在着对总长达 85 km 左右的人工航道及每年约 2×10^7 m^3的维护疏浚量问题，而且长江口内缺乏合适的深水岸线供开发利用，因此单纯靠长江口航道整治在长江口内建港，已无法承担上海国际航运中心深水港区的重任，难以建成上海国际航运中心集装箱深水枢纽港区。

跳出长江口，在长江口外建深水港。在深水港址选择方案中，能同时满足深水航道及深水泊位(15 m 以上)，又距离依托城市较近的港址并不多，且主要受深水航道的制约。纵观上海周边地区，具备深水航道条件的为黄泽洋通道。黄泽洋通道是杭州湾五大入海通道之一，其 20 m 等深线深入杭州湾内 30 余千米之多，10 m 等深线更深入湾内达 60 km 以上，是五大通道中水深最深、深入杭州湾内最长的通道。因此，充分利用该通道，并综合考虑集疏运条件、建设困难等，在距上海约 32 km 的大、小洋山岛上建设上海国际航运中心集装箱枢纽港区是跳出长江口、建设符合深水枢纽港条件的较合适港址，可以建成以上海为中心，以江浙港口为两翼的上海国际航运中心，使上海港成为真正意义上的国际深水枢纽港。

3. 洋山深水港址

上海市位于长江口入海口，处在淤泥质海岸，天然水深较浅，人工开挖泥沙回淤较大。洋山港距南汇嘴 27.5 km，通过新建的 32.8 km 东海大桥和上海市相连(图 4-4)。洋山港另一端距国际航线 104 km，可通过 68.2 km 长的天然进港航道通向外海。港区的水域是由大、小洋山岛屿链围成的 42 km^2的洋山海域；港区的陆域是由岛屿、滩地和人工吹填成面积 45 km^2的人工岛陆域。

图 4-4 洋山港码头及跨海大桥

据建成后的使用情况来看，洋山港具有充沛的箱源腹地、15 m 水深的港口和航道、便捷的集疏运系统和上海市国际大都市的依托。具体表现为以下几点[28]。

(1)独特的区位优势。上海市位于太平洋西海岸的中心，地处全球东西三大主航线的要冲；也是我国东部海区和长江流域两大经济带的交汇点，居我国南北海岸线之中心，是长江的出海口，有富饶的长江三角洲、长江流域以及沿海经济带的依托。上述地区是我国经济增长最快的地区，也是我国集装箱生成量最大的地区。长江流域巨大的箱源市场早已成为世界各大船公司争夺的目标，建设洋山港是国际市场的选择，因为洋山港有着广阔的经济腹地和充沛的箱源市场。

(2)海床、地质构造稳定。洋山海域的海床为淤泥质海岸，从1887年的海图到现今的水深资料对比来看，深水区位置没有变，仍保持在30°35′N、122°E处。百年来海床冲淤演变如下：1887—1937年的50年(前50年)，年淤积速率为3.6 cm；1937—1987年的年淤积速率为1.0 cm；1987—1997年的年冲刷速率为1.4 cm；1997—2004年的年冲刷速率为6.0 cm。

长期以来，长江口、杭州湾的入海泥沙在强潮流作用下的扩散，使海床呈微淤积状态，1887—1987年的年淤积速率为2.3 cm。近期来看，由于长江口入海泥沙持续减少(由原来的4×10^8 t减至2005年的小于2×10^8 t)，加上沿岸围垦吸纳了大量的过境泥沙，因此，1987—2004年由淤转蚀，年平均冲刷速率为3.2 cm，引起海床微冲状态。从宏观的环境来看，洋山港海域的冲淤变化不大，海床基本上处于冲淤平衡的稳定状态，为洋山港的水深维护提供了有利的宏观环境。据国家地震局的研究，该海域千年来没有地震破坏记录，没有活动的断层，也是一个地质构造稳定的海域。

(3)掩护好、风浪小。洋山港水域受到大、小洋山岛屿的掩护，外海波浪经岛屿折射和绕射进入港区，波高减少2/3，波周期衰减为3~4 s。水域的涨、落潮流是往复流，为规划港区提供了水域平稳、水流平顺的良好泊稳条件，确保了船舶靠离、停泊、航行的安全。根据洋山港投产后使用情况来看，实际每年作业天数在350天以上。

(4)潮汐通道发育，潮流强劲，泥沙不易落淤。大、小洋山岛屿链间发育有长13 km、宽1~7 km的潮汐通道，具有水域宽阔、自然水深大的特点。岛屿内涨落潮流是往复流，在岛屿狭道效应下，潮流强劲，泥沙多为过境，落淤不大，为洋山港开辟15 m水深提供了优越条件。

(5)对环境影响较小。洋山海域资源量在舟山渔场所占比重有限，对舟山渔场影响较小。港区布置时顺应潮流布置，模型试验结果表明，对周围环境和生态的影响较小。港区陆域以吹填为主，尽量少开山，减少对小洋山自然景观的破坏，因此工程对自然环境和生态环境影响较小。

(6)施工有保障。本工程在外海岛屿施工，有施工条件差、气象恶劣、风浪较大等特点。但是无论港区水工建筑物还是桥梁均属于航务工程部门的常规工程，施工技术成熟。依靠长江口和外海马迹山矿石码头的施工经验，计划6年时间是可以完成的。

(7)经济效益可观。洋山港可充分依托上海港和 15 m 深水港区的优势，可以承担起大型集装箱船的远洋运输，并有充足箱源的保证和完善的集疏运系统的支撑，从而结束了上海港没有深水港的历史。洋山港建成后，可以使远洋大型集装箱船直接停靠，不必再候潮经过长江口，缩短了航程，节省了时间，其经济效益十分可观。根据洋山港一期工程经济效益的测算结果：国民经济内部收益率为 16.1%，高于 12%的社会折现率，该项目对国民经济发展贡献明显，财务内部收益率为 7.25%，高于银行 6.21%的贷款利率，投资回报期为 11.7 年(前 6 年建设期)，表明港区工程财务效益具有一定抗风险的能力。

(8)港口在营运上可靠。港口在营运上可借助上海港集装箱营运管理系统，积极开展多式联运，推广江海直达运输。现在，洋山港拥有大型集装箱泊位 16 个，配备有 60 台装卸桥，港口陆域面积为 8 km^2，设计年吞吐量为 9.3×10^6 TEU，并创造了单机效率 123.16 TEU/h 和单船船时量效率 850.53 TEU/h 两项装卸效率的世界纪录。洋山港可全天候接纳世界最大型集装箱船，有欧洲、美国、日本、韩国和东南亚多条航线，每月航班达 359 班次。

从洋山港 1~3 期工程相继投产使用实践来看：港区水域平稳、水深维护良好、装卸作业正常；每年港口作业天数达 350 天以上，可全天候地接卸第七、第八代大型集装箱班轮。2019 年，洋山港集装箱吞吐量已达 1.98×10^7 TEU。洋山港作为国际集装箱枢纽港的实力得到体现。由此可见，洋山深水港区的选址是正确的，技术上可行、经济上合理，社会效益和环境效益良好。

4.5 港口航道资源开发利用与技术国外案例剖析——荷兰鹿特丹港

鹿特丹港是荷兰的海港。它曾是世界第一大港，也是西欧和荷兰最重要的外贸门户。它位于 51°55′ N、4°30′ E，在莱茵河和马斯河的入海口上，吞吐量多年来都在 3×10^8 t 左右。鹿特丹港陆域面积约 100 km^2，水域面积 227 km^2，码头总长 42 km，吃水最深处达 22 m，可停泊 5.45×10^5 t 的特大油轮。现拥有 500 多条班轮航线，与世界上 1 000 多个港口通航。鹿特丹港有 7 个港区，马斯莱可迪(Maasvlakte)二期将是鹿特丹港第 8 个港区(见图 4-5)。鹿特丹港共有 40 多个港池，650 多个泊位，可同时供 600 多艘千吨级及万吨级轮船停泊作业。按功能分为集装箱、石油化工、煤炭、矿石、农产品、滚装船等专用和多用码头。

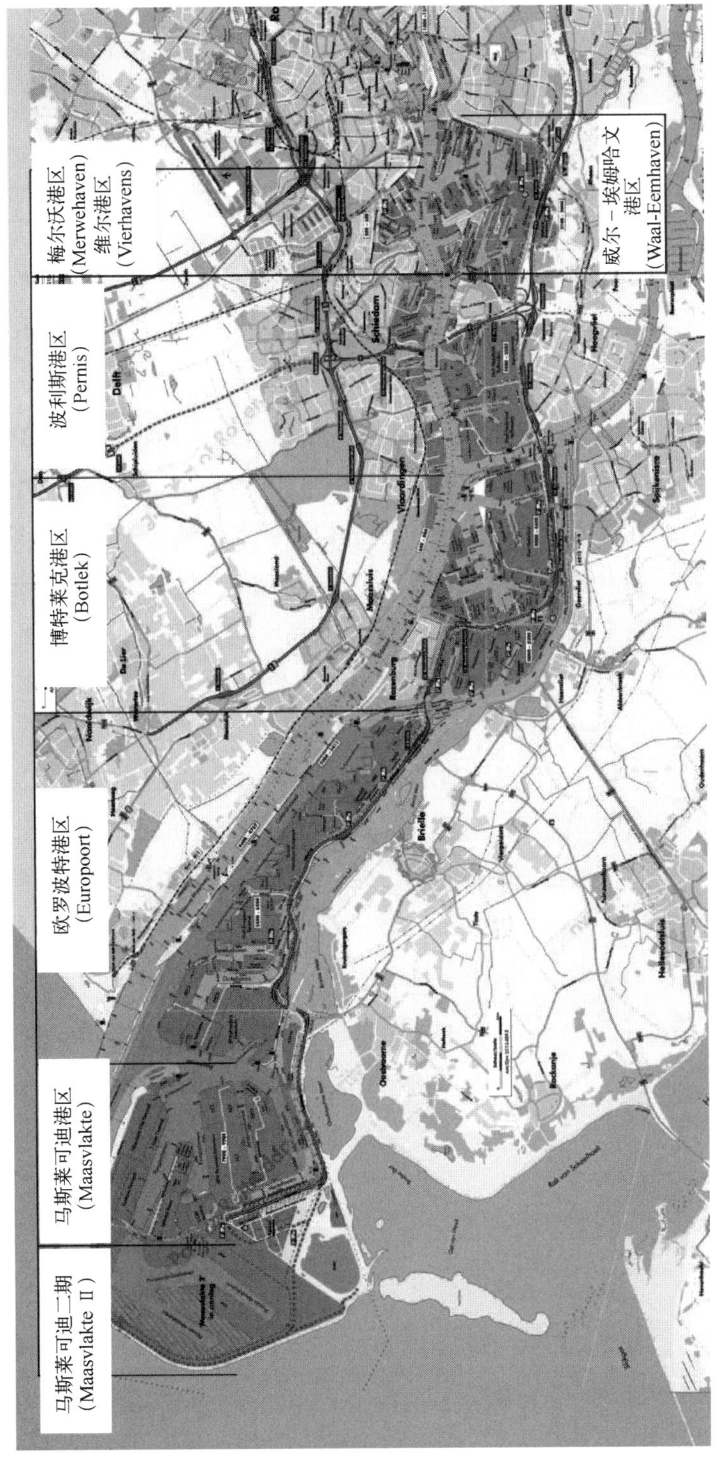

图 4–5　鹿特丹港区划分 [27]

鹿特丹港腹地广大，荷兰、德国、法国、比利时的重要工商业中心都在以鹿特丹为中心、半径为500 km的范围内。四通八达的内河航道网、公路网、铁路网，以及管道、航空将该港与欧洲各重要城市工业区连接起来，使它成为西欧散货、原油、集装箱的最大集散中心。鹿特丹港在筑港技术、管理水平方面十分先进，装卸作业的机械化、自动化程度很高，采用计算机集中管理，是当前世界上具有代表性的现代化大港之一。

1. 发展历程

今日的鹿特丹从14世纪的渔村发展而来。1400—1800年，鹿特丹从渔业起步，继而发展贸易，从渔村发展成为一座城市；到1600年左右，港口已经能够容纳100艘渔船，逐渐成为一个商业港，商船在南美洲与荷兰东部之间往返；1800—1900年，工业革命时期，钢制船取代了木制船，蒸汽机取代了帆船，港口开始在马斯河两岸扩建；鹿特丹港的发展有力地带动了德国鲁尔区的兴起，通过驳船将海运进港的铁矿石、煤炭等其他货物沿莱茵河运往沿岸的德国城市，并将其产品运往海外目的地；1872年，新河道启用，缩短了船只进港的距离；1920—1940年，开挖威尔-埃姆哈文港区；在19世纪末，石油的重要性日益显现。鹿特丹港承担了西欧地区所有的石油运输，原油专用码头在第二次世界大战之前开始兴建；1946—1960年，第二次世界大战期间，大约40%的港口被毁坏；战后，大批的能源设施投资重建，港口区域不足，开始向西(鹿特丹和荷兰角港之间)扩建，建设博特莱克港区和马斯莱可迪港区；1960—1970年，为了适应停靠超大型油轮的需要，兴建了水深超过20m的欧罗波特港；1970年至今，陆上区域已经用尽，为了扩张，开始围海造地，1973年，马斯莱可迪港建成启用(图4-6)。

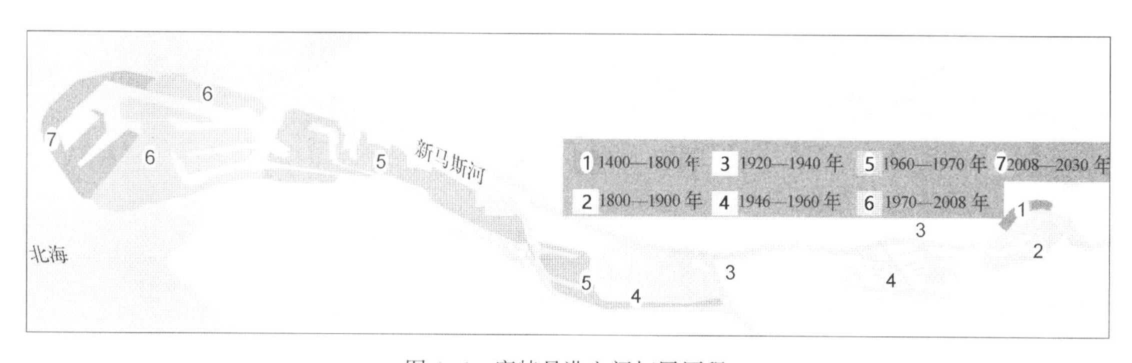

图4-6　鹿特丹港空间拓展历程

鹿特丹港口 2030 年愿景规划(Port vision 2030)中指出，首先要解决的是港口空间不足的问题。鹿特丹港主要从两方面入手：一是建设马斯莱可迪港区二期，以拓展港口用地规模；二是倡导混合使用，提高既有港区土地的使用效率。

马斯莱可迪港区二期计划从北海填海造地，新增 15 km^2 土地。其中 5 km^2 预留，其余 10 km^2 用于集装箱作业、化工和配送，然后将远洋集装箱业务迁至马斯莱可迪港区二期，将毗邻市区的东部港区建成混合区，发展港口办公、住宅和商业。它是未来鹿特丹港用以巩固其在欧洲乃至世界港口地位的重要策略。这个港区，一方面规划了世界上先进的集装箱码头；另一方面也为炼化产业的发展提供空间。

2. 鹿特丹港的可借鉴之处

鹿特丹港作为拥有 450 多年历史的深水大港，从 20 世纪 60 年代起就一直保持着世界大港的地位，但仍然不断加强泊位建设，更新设备，提供许多特别服务。在集疏运体系、港口运营管理模式、港城一体化建设方面均有可借鉴之处。衡量港口的指标主要包括港口吞吐量、港口规模、集疏运体系、港口码头泊位等基础设施，物流园区建设、法律政策等软环境。

(1)港口规模。鹿特丹港区是鹿特丹市的主体，占地超过 100 km^2，港口水域 277. 1 km^2，水深 6. 7～22 m，航道无闸，冬季不冻，泥沙不淤，常年不受风浪侵袭，最大可泊 5.44×10^5 t 超级油轮。

450 年来，鹿特丹港从一个古老的小港，发展成今天世界十大港口之一。港口的发展最主要的决定因素是港口规模，鹿特丹港的整个发展历程实际上就是一个不断向外扩张的过程。1947—1974 年，鹿特丹在新水道建成了三大港区。第一个是博特莱克港，包括港区及工业区在内占地面积为 12. 5 km^2。港区内建有各种专用码头和集装箱船、滚装船、载驳船作业区。第二个是欧罗波特港区，占地面积为 36 km^2。通过疏浚航道后，低潮时最大水深可达 22 m，可停靠 20 万吨级的油轮和 8 万吨级的散货船。第三个是马斯莱可迪港区，占地 33 km^2。它是利用沿岸浅滩，经过疏浚而建成的。港区在新水道入海口以南，伸入海域达 5 km，低潮时，港内水深也能维持在 19～23 m。上述三大港区构成了鹿特丹港的主体。然而港口多样化的发展，港口仓储面积的增加，港口企业的入驻，使用地需求更为迫切。因此，在发展过程中，鹿特丹港逐渐走出鹿特丹主体港区，向大洋扩展，最终成为世界级大港。

鹿特丹成功的案例也表明，建离岸型深水港、围海造陆建港、利用优良岛屿建港是内陆用地面积紧张后港口发展的最佳途径。

(2)港口货运结构。鹿特丹港近些年的吞吐量调查表明，鹿特丹港货物结构中大宗过境货运占货运总量的85%，其中原油和石油制品占70%，其余为矿石、煤炭、粮食、化肥等。进出口主要对象国为德国、英国、法国、意大利等。虽然随着世界经济中心向亚洲的转移，鹿特丹港集装箱吞吐量逐年呈下滑趋势(表4-5)，但鹿特丹港仍承担了整个欧洲接近一半的集装箱货运量。货物运输方面，鹿特丹港的货运量仍在上升。可见，多样化的货物种类和发达的集装箱运输体系，尤其是货物的多样化，为港口发展赢得了更广的空间。

表4-5　鹿特丹港历年吞吐量世界排名

名称	1990年	2000年	2005年	2010年	2012年
集装箱排名	3	5	7	10	11
货物排名	—	—	3	5	6

(3)港口基础设施——码头泊位港口机械。海轮码头总长56 km，河船码头总长33.6 km，实行杂货、石油、煤炭、矿砂、粮食、化工、散装、集装箱专业化装卸，同时可供600余艘千吨级船舶停靠，年吞吐货物3×10^8 t左右。近年来，船舶出现了大型化发展的趋势(散货船大都在15万~20万吨级，油船出现了50万吨级的巨轮，集装箱船也向超巴拿马型发展)，环球航线上的国际集装箱班轮已经向第五、第六代发展，满载吃水最小的也在12 m以上。深水泊位和深水航道成为国际班轮未来主要船型和对港口的要求。为了适应这一形势，鹿特丹港不断扩建大型深水泊位，前沿水深17~23 m，可满足第五、第六代集装箱船的要求。

另一方面，集多种交通运输方式于同一个码头，是当今码头规划建设的方向。在鹿特丹现有港区的运作和马斯莱可迪港区二期的码头，海船停靠、内河驳船、铁路和公路等十分紧密，极大地方便货物集散，既节省了货物作业时间，也节约了运输成本。同时，在码头基础设施建设方面，鼓励航运公司参与港口基础设施的建设，如马士基集团拥有码头和欧洲铁路运营公司(ERS)，并参与内陆铁路运营。

(4)物流园区建设。荷兰鹿特丹港凭借莱茵河完善的交通运输网络，建立港口物流园区和国际航运中心，成为鹿特丹保持其在欧洲的主要港口地位、扩展城市经济实力和影响力的重要战略方针之一。三大物流园区成为集装箱装运的重要节点。

威尔-埃姆哈文物流园区是三大园区之一，由鹿特丹港务局建立并发展，它的主要职能是储存和分配高质量产品。威尔-埃姆哈文物流园区的交通集疏运条件十分优越，有立交桥、公路和铁路等连接集装箱码头、欧洲内陆腹地等。博特莱克物流园区的主要职能集中在零星货物混装运输。博特莱克物流园区的交通集疏运条件也十分优越，周边公路、铁路、内河等多种运输方式齐备。博特莱克物流园区的定位是以化工品为主要服务对象的仓储、配送和分拣等物流服务。马斯莱可迪物流园区被设计用来集中大规模分配操作。马斯莱可迪物流园区是鹿特丹港最新的，也是最大的物流园区。马斯莱可迪物流园区位于鹿特丹港最大的集装箱码头后方，并与该集装箱码头有专用通道连接。同时，在物流园区周边还分布着铁路场站、高速公路和内河驳船码头等众多的多式联运设施。现代化园区马斯莱可迪二期由园区本部、铁路服务中心、驳船服务中心、立体交通、三角洲集装箱堆场、专用码头、近海和铁路支线服务备用发展区以及内地公路发运点 9 个不同功能部分组成，服务于整个欧盟。

(5)集疏运体系。鹿特丹港素有“欧洲门户”之称，腹地覆盖欧洲半数国家，欧盟国家约 60%的内地货物通过该港运往其他地区。荷兰的高速公路、铁路网，内陆水上交通网等与欧洲交通网相连。鹿特丹港吞吐的货物中，有 80%来自其他国家，大量的货物在港口通过全面的、发达的集疏运系统进行中转。

(6)软环境。荷兰十分重视莱茵河内河航运信息化建设。对基础设施的大量原始数据进行分析，为政府及时提供实施船闸、码头或航道整治的依据；鹿特丹临港工业的发展很好地贯彻了“城以港兴、港为城用”的思想；荷兰提高港口效率的重要措施之一是设立专责机构，并且注重以法制规范港口与航道资源。

(7)重视港口环境保护。石油化工是重度污染的工业类型，在鹿特丹港的用地中占 50%的比例。但是鹿特丹港的管理者、经营者和用户均十分重视港口的环境保护；鹿特丹港的管道运输模式，也为其减少了地面污染。此外，鹿特丹港作为世界级的能源大港，在不断的生产和提供可靠性能源的基础上，不断挖掘和开发利用清洁的、易获取的、可持续的绿色能源。荷兰是风能大国，因此在鹿特丹港建设上也非常注重风能的收集与使用，风力电机沿马斯河南岸一直布置到北海入海口，马斯莱可迪二期边缘地带，同时开发使用生物质能源(图 4-7)。

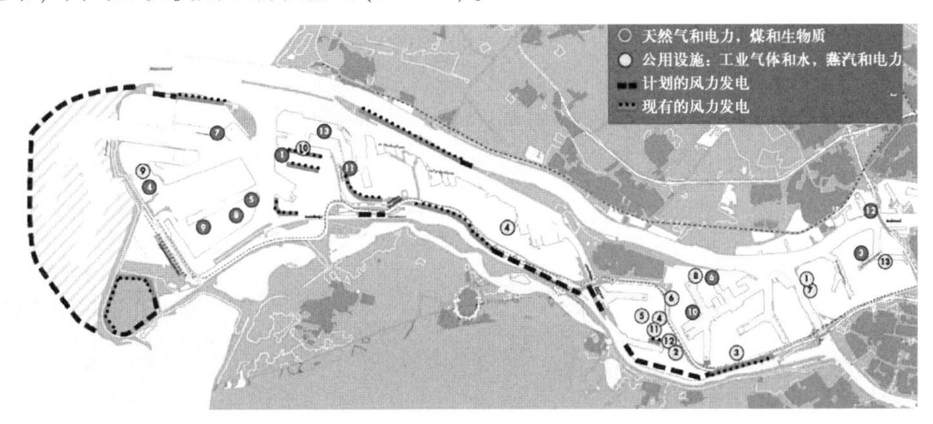

图 4-7　鹿特丹港能源系统规划[27]

4.6 海岸带滩涂资源

1. 滩涂资源开发的必要性

当前人类社会正面临着有史以来最大的土地资源不足，特别是沿海地区的土地资源不足的困惑。城市扩展、开垦农田、旅游开发等均需要大量的土地资源，于是人们把目光投向具有巨大开发潜力的海洋空间。

海岸带的滩涂部分是陆海间的过渡带，是海岸带地区平均低潮线以上的海滩。我国海岸线长约 18 000 km，其中淤泥质海岸线总长约 4 000 km，平均宽度可达几千米。海岸带是一个广阔的造陆地带，平缓的大陆架为陆地的自然淤涨提供了广阔的空间，江河入海带来了大量泥沙，为陆地的自然淤涨提供了物质来源，这些都为滩涂围垦提供了自然条件。

滩涂资源的用途非常广泛，例如盐业、海水养殖业、滩涂花卉草坪业、滩涂旅游业、开辟自然保护区、滩涂围垦造地等。其中，围垦造地是通过围堤、堵坝、水闸等工程来圈围部分滩涂，围割部分海域的工程措施，以挡潮、御卤、防浪，控制围内水位，将海岸带滩涂转变成陆地。在国际上，荷兰是围海造地最有成效的国家，虽然从 13 世纪开始就在须德海“围海造地”，但由于技术、经济等原因规模很小，到 19 世纪末只围垦 3 000 km^2 余。自 20 世纪 20 年代实施了大规模的“须德海围海工程”以来，荷兰的耕地面积扩大了 1/3。通过围海造田，荷兰的国土面积增加了 1/5。日本是一个人多地少的岛国，也十分重视围海造地。20 世纪 50 年代以来，日本围海造地达 1 200 km^2，作为工业、交通、城市、机场等建设用地[29]。

2. 滩涂围垦的开发技术与设计

在较平直海岸的潮间带范围内兴建滩涂围垦工程，在我国已建围海工程和所围土地中所占比例较大。如江苏北部沿海的滩涂围垦多属此类，2000—2017 年，17 年间江苏总围垦土地 1 074. 2 km^2，年均围垦面积 63. 2 km^2，全省平均岸线围垦强度为 0. 07 $km^2/(a \cdot km)$。

滩涂围垦工程的堤线高程一般在平均高潮位线附近，在这一高程上筑堤，滩涂较高，堤身较矮，露滩施工时间较长，堤基土质较好，可就地取土筑堤，施工困难较少。施工后垦区内土地的改土培肥时间短，收效快，对水产(贝类)资源也无直接影响。在淤积型海岸，围堤后滩涂仍可继续向外淤涨，若干年后海堤又可向外推进，如苏北现有海堤离范公堤(沿阜宁、盐城、东台一线)已有 50 km 左右(图 4-8)。

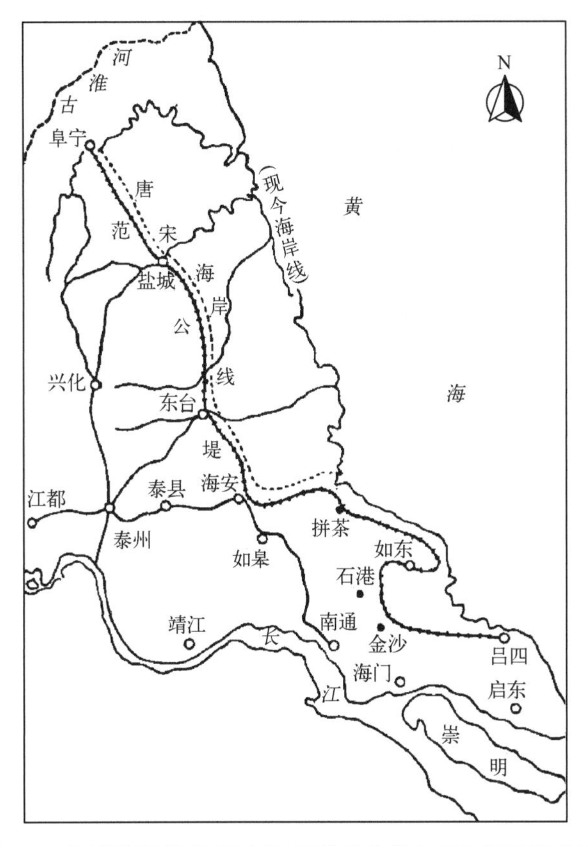

图 4-8 江苏海岸线推进示意(宋代范公堤与现今海岸线对比)

近年来，土地需要更为迫切，沿海地区高滩大多已被开发利用，围海的涂面高程有的已降低到中潮位或平均低潮位附近。在低滩上筑堤围海，水深大，堤身高，露滩时间短，涂面淤泥稀软，施工较困难，所需石方较多。若涂面高程在小潮平均低潮位以下，自然排水较为困难，须与机械排水相结合。因此，低滩围垦时单位面积所需投资较大。为了降低围海投资，在低滩往往采取促淤围垦的措施，即先在低滩采用丁坝、顺坝、潜堤等促淤，使其淤高后，再按计划进行围垦或做他用。低滩促淤也可采用生物措施，如种植大米草、互花米草、红树林等作物。

3. 滩涂围垦的环境效应

滩涂围垦造地可以解决沿海地区土地供应紧张的局面，促进沿海地区经济和社会的发展，但要遵循生态学规律，否则会对当地海洋生态系统造成巨大影响。围垦产生的环境效应主要表现在以下几个方面[30,31]。

(1)围垦使一些固有的海洋生物失去生存空间，同时改变了海区水文特征，进而影响海洋生物的生存繁殖。例如，围垦使许多洄游性海洋生物失去产卵场和索饵场，影响了鱼类的洄游规律，施工过程中引起水体悬浮物增高，并改变海底沉积物组分与分布特征，影响海洋生物繁育。沿海围垦还可使海洋生物的食物链缺失，影响海洋生态系统的能量循环，影响海洋生物资源的持续利用。

(2)沿海滩涂是面积最大的湿地，有“海洋肾脏”之称，围垦造成自然岸线缩减、海湾消失或面积减少等，海洋逐渐丧失或降低了海水自净能力，导致局部海域水质恶化。

(3)由围垦造成近岸海流的流速、流向的改变，可能导致海岸侵蚀加剧或者海岸的不稳定，导致某些港湾淤积严重，影响河口、港口功能。

(4)围垦必然改变海岸形态，降低海岸线的曲折度，使沿海地区失去了有效的生态屏障，致使海洋灾害加剧，危及红树林等生物资源，造成海洋生态环境的破坏。

(5)围垦使滩涂鸟类失去栖息地，而湿地水鸟是湿地生态系统健康状况最敏感的指示物种。

(6)不合理的围垦，使沿海地区失去了良好的可供人类生存与生活的生态环境，影响人与自然的和谐关系。

4.7 海岸带滩涂资源开发利用与技术国内案例剖析——江苏滩涂围垦开发

1. 江苏滩涂一体化开发管理模式

根据2004年江苏省第五次滩涂资源调查，江苏拥有理论深度基准面(海图零米线)以上的滩涂资源约占全国的35%。大丰区位于江苏滨海平原，海岸线长266 km，属于亚热带北缘海洋性季风湿润气候。大丰海岸东濒南黄海，北接废黄河三角洲。丰富的物质供应及强烈的水流动力作用使得该地区潮滩发育极为典型，形成了一种大型独特的淤积潮滩。大丰区现有潮滩530 km^2，约占江苏省潮滩总面积的13.5%(不包括水下沙脊)[32]。

大丰区潮滩开发历史悠久，早在1 000多年前，人们就开始了对潮滩从渔业盐业到农业的开发利用，潮滩开发几乎涉及农林牧副渔等各个方面。近年来的开发利用模式特征是：①人类活动贯穿于整个潮滩发育演变过程；②潮滩植被、土地资源利用效率低，浪费严重；③利用没有重点，海水养殖和盐业所占比例大，与淤积型潮滩环境自然演变规律相违背。

根据大丰自然地理特征及潮滩演变规律，有关学者提出了该地区潮滩资源一体化开发管理的模式[28]（图 4-9）。该模式的优点是：①最大限度地利用自然资源，同时尽可能减小对自然生态环境的影响；②改陆上海水养殖为潮下带或潮间带养殖；③对盐蒿滩和草滩采取保护原则，大力种植芦苇、大米草及耐盐草本植被；④围垦后的滩地可以发展经济作物种植养殖，如水稻种植和淡水鱼养殖；⑤在缺水围垦土地上发展种草改田，种草改田 3~5 年后尽可能退草还田，以种水稻为宜。

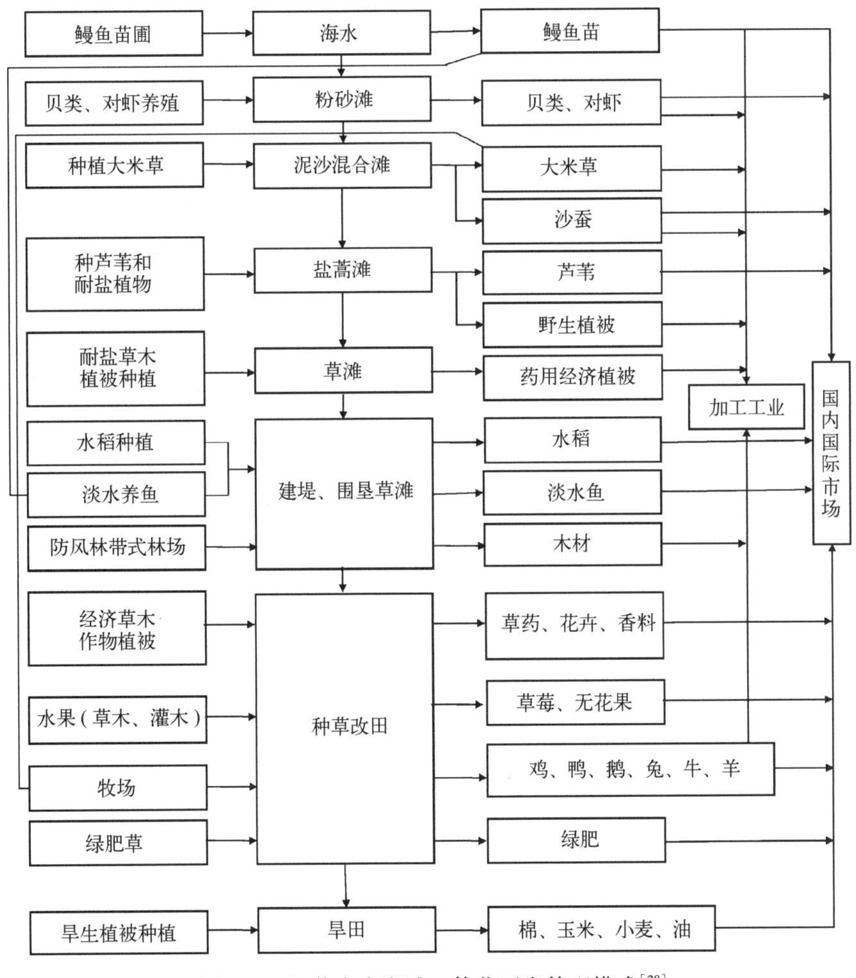

图 4-9　江苏大丰潮滩一体化开发管理模式[28]

2. 东台近岸滩涂匡围工程

东台岸段位于辐射沙脊群辐聚中心区，岸线相对凹入，岸外沙洲广泛发育，潮滩宽阔，海岸自然淤涨速率快，围垦活动频繁。20 世纪 70 年代末至今，先后实施了边防垦区、北三角垦区、长三角垦区、渔舍垦区，新东垦区、蹲门外小虾场垦区、新三角垦区、方塘河闸垦区、笆斗垦区、无名川垦区，三仓片垦区、川水港垦区，东川垦区(东台部分)、梁北垦区，蹲门垦区、仓东垦区、弶东垦区和方南垦区等围垦工程，共匡围约 247.9 km^2，平均每年约 6.7 km^2，起围高程均在平均高潮位以上。

东台弶港北侧已并陆的条子泥岸滩是近年来淤涨速度最快、围垦活动最频繁的岸段。1997 年实施 34.67 km^2的三仓片垦区围垦工程以来，又于 2005 年在其外侧实施了23.33 km^2的仓东垦区。8 年间海堤平均外推约 5.8 km，植被边界平均外推约 4 km，至现海堤外约 1.5 km 附近(图 4-10)。

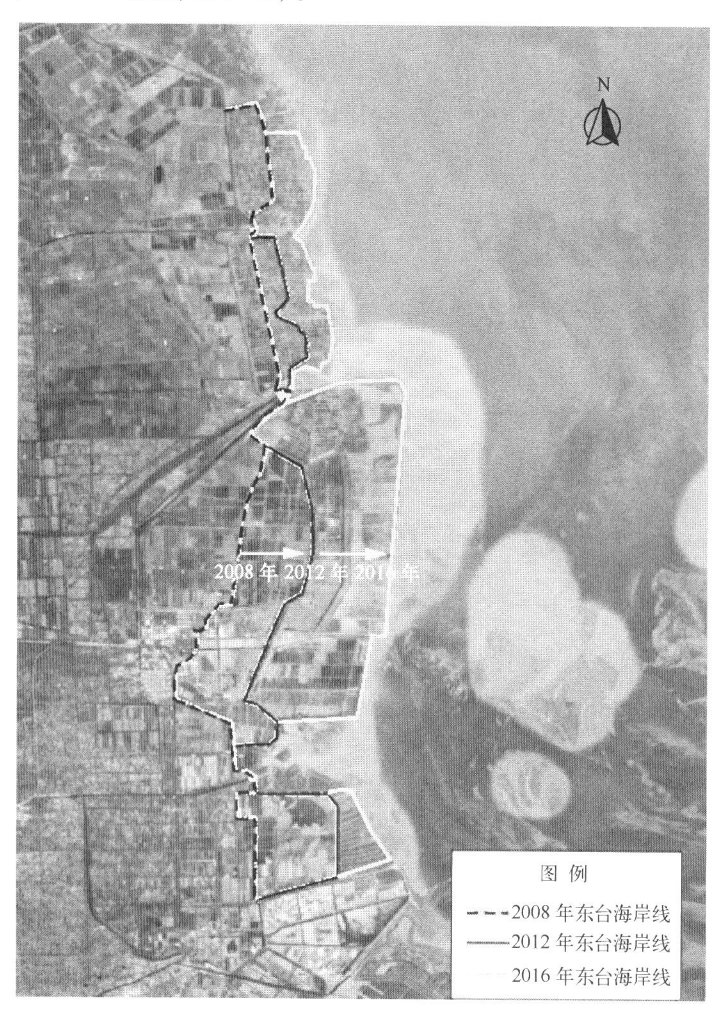

图 4-10　江苏东台海岸线推进示意

4.8 海岸带滩涂资源开发利用与技术国外案例剖析

填海造陆的方式有很多种。其中比较常见的是利用挖沙船吹沙填海(图4-11)，即就地取材，将海底泥沙吹进目标圈内，海水流出圈外，沙就留在圈内。渐渐地圈内的海面就被不断吹进的沙填成了陆地，但这种方式受材料来源限制，并不适合深海填充。第二种方法是从他处利用运输船运送土石填海，先用比较稳固的填料在填海范围修筑堤围，然后再把填料倾倒进堆填区内。这种堆填方式对原料的要求不高，但采购和运输费用高，只适合经济条件较好的沿海地区(图4-12)。第三种是利用一定高度的围堰匡围一定范围，利用潮汐带来的泥沙淤积成高于海平面的陆地，或直接用海堤匡围潮上带乃至潮间带，以取得土地(如荷兰须德海工程)。

图4-11 近海吹填造陆方式

(图片来源：Dutch Water Sector)

图4-12 日本关西国际机场

(图片来源：Tdk via Wikimedia)

1. 荷兰须德海工程

从江河淤海成陆的现象中，人们得到了填海造地的启示。填海造地是人类向海洋空间发展的又一重要活动。荷兰和日本是向海洋索取土地最著名的国家。

荷兰是一个滨海国家，西、北两面濒临北海，国土面积 41 200 km^2，海岸线长达 1 075 km。全国地势低平，莱茵河、马斯河和斯凯尔德河都由境内入海。三大河流的三角洲占了全国的大部分地区。全国 1/4 的土地低于海平面，仅 1/3 的土地高于海平面 1m，素称“低地之国”。为了国土的安全和发展，必须有效地抵御海潮的侵袭，兴修和加固堤防；必须充分利用海涂资源，扩大耕地面积。早期主要是在沿海浅滩地采取圩田建设的方法进行围垦，即修筑土质圩堤，使海水所带泥沙淤积，形成小块平地，然后排水开垦。接着再向前围一小块，逐渐向海里延伸，规模较小、速度较慢。

荷兰近代最大的填海工程是须德海(Zuiderzee)工程(图 4-13)。须德海位于荷兰的北部海岸，是北海的一部分深入内陆约 120 km 而形成的一个海湾，最狭处也有 16 km。湾内岸线长达 300 km，湾口宽仅 30 km。沿岸虽有长约 300 km 的防浪堤，但几次水灾，依然淹没了海岸地区。1916 年 1 月特大水灾之后，才提出以莱利(Lely)工程师的报告(1887—1891 年)为基础，建一道堵口堤将北海与须德海隔开，堵口堤内

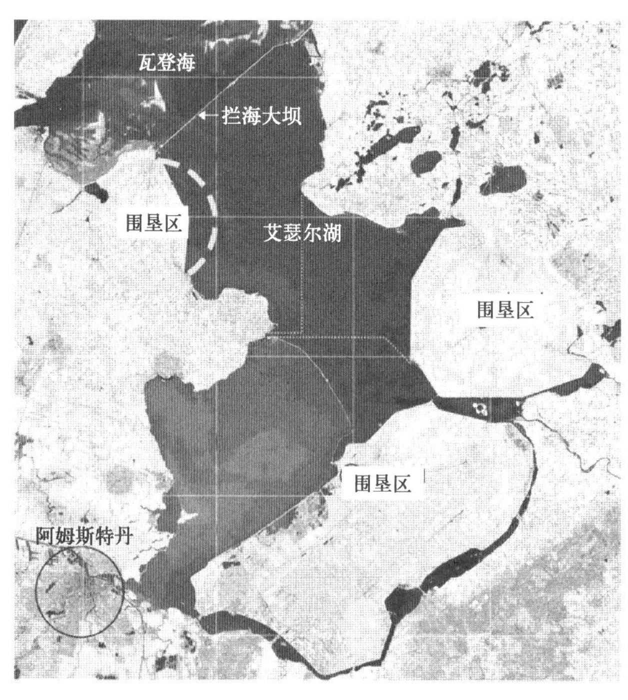

图 4-13　荷兰须德海工程示意

侧建成一个大淡水湖(即现在的艾瑟尔湖)，在淡水湖中再建圩堤造田。

首先于 1925—1932 年完成了堵口堤(长 30 km，宽 100 km)，堤顶高出海面 7.50 m，设计能抵抗 300 年一遇的暴风雨，仅有 2%的波浪漫顶。为调节艾瑟尔湖水，堵口堤上设置了 25 孔闸门(每孔宽 12 m，深 4.5 m)。堤顶高于海面 3~6 m，用 1~2 个泵站排水，将圩田内水位从原水位降低 3~4.5 m。1933 年完成第 1 圩田(Wieringer-meer) 200 km^2；1955 年完成第 2 圩田(Noordoost-Polder) 480 km^2；1957 年完成第 3 圩田(Eastern Flevoland) 540 km^2；1968 年完成第 4 圩田(Southern Flevoland) 430 km^2；1980 年原计划完成第 5 圩田(Markerwaard) 600 km^2，但之后无限期搁置。现在须德海只剩 1 200 km^2的湖面[29]。

荷兰围海造地的方法，主要是围海、排水、改土三大步骤[29]。

(1)围海。修筑拦海堤坝，围建圩田，采用平底船作业，修建土质圩堤，用柴木编排护堤，建成长、宽各 400 m，面积 0.16 km^2左右的淤积区，使水面稳定，并种植一些芦苇、海蓬子等植物，以加速泥沙淤积。由于工程巨大，须德海的围垦和“三角洲计划”都采用了现代的高标准堤坝建设。

(2)排水。围垦区土地露出水面后，就开沟排水。头两年采用明沟排水，三四年后采用瓦管铺管机敷设永久性地下暗管排水管道。在进行工程排水的同时，还采用飞机播种芦苇等生物促淤排水措施，干涸土壤。由于围垦区一般低于海平面 2~3 m，有的达到 5~6 m，渗漏严重，一般每天渗漏 1~2 mm，严重的地方达到 20 mm，因此各地根据渗漏情况，修建了大批电力或风力排水站，使地下水位降低到一定的水平，以利于作物生长。

(3)改土。围垦区土壤盐重沙多，开始的三五年要开挖脱盐渠道，采取淡水灌溉脱盐的办法，使土壤盐分降到并保持在千分之三以下，以适宜水稻、小麦、棉花、蔬菜的生长。由于表层土一般为 0.5 m 左右的沙层，底层土为黏土层或泥炭层，根据土壤剖面情况，使用重型拖拉机深翻 1.9 m，把底层的黏土、泥炭翻到表层，以改良土壤。

荷兰经过七八百年的围海造地实践积累了丰富的经验。在堤坝的设计施工上，注意潮汐、水流与泥沙的关系，注意围垦后可能引起的潮汐变化，以防止海潮侵袭，保证内陆安全。特别是 1953 年发生了特大风暴潮以后，在设计思想上废除了“已遇最高潮”的概念，采用了“最大可能潮”作为设计依据。过去围海造地是单纯从农业考虑的，随着现代技术水平的提高，农业劳动生产率的持续增长和工业发展，以及城市建筑用地的不断扩大，对围造土地的用途和开发方向更加明确了，提出了工业与农业相结合的利用方针。荷兰政府计划用 30%~40%的土地作为城市建筑、造林和游览用地，大大提高了围海造地的使用价值，而且将进一步促进围海造地事业的发展[29]。

2. 韩国新万金填海工程

韩国填海的主要原因是经济压力。韩国的耕地面积近年来仍然呈下降趋势。20世纪70年代，韩国粮食产量下降的同时经济快速发展，城市和城郊工业用地的扩张进一步加剧了用地紧张局面。填海造地可以用于兴建港口、机场，也可以用作田地，不论是田地还是机场、仓库，都是外向型经济的韩国所需要的。

新万金填海工程在韩国西海岸中部全罗北道万顷平原和金堤平原之间(见图4-14)。这两个平原之间是韩国粮食作物的重要产区。建设新万金填海工程的目的是沟通两个粮食产区，为韩国提供更多的良田。该工程建造连接扶安郡与群山市的33.9 km长的世界最长防潮堤(见图4-14)，防潮堤邻近锦江、万顷江和东津江三江入海口，可以为工程提供大量泥沙。预计最终形成283 km^2内部土地与118 km^2淡水湖等，总共为401 km^2的新土地，是世界上规模最大的填海工程之一，面积等于首尔的2/3。如此浩大的工程经历了大致三个阶段：20世纪60年代至1990年，动工前的构思与审批；1991—2006年，防潮堤建设；2006—2020年，填海与宣传招商。

不论使用哪种方式填海，填海造陆都是投资巨大的工程，并且有可能造成海岸生态系统退化、防灾减灾能力下降、海洋环境污染、宜港资源减少、海岛消失、重要渔业资源衰退等一系列问题。环保团体曾三次把韩国政府告上法庭，法院2003年裁定新万金填海工程停工。韩国政府作出妥协，锯齿状海岸在吸纳了环保组织的意见后不再回填，放弃农业用地占73%的原计划，降低到30%。工程重点改为建设注重生态环保的综合城市。按照2005年12月修改后的方案继续施工。在开工20多年之后的2014年4月终于完成长度超过荷兰须德海防潮堤(32.5 km)的世界最长防潮堤(长达33.9 km)。

如今，新万金正积极推动作为绿色发展示范区的环保工程。填海取料被炸平的山坡重新被覆盖植被，工业园区设置了生态门槛，禁止污染企业进入，以最大限度地避免对环境的破坏。生态环境用地是规划面积最大的，其中的84.4%用于建立湿地、生态林等生态空间和高端环境研究院。在环境用地北部，还将建设一个20 km^2的东方第一大湿地公园；在环境用地南部，将建设占地10 km^2的野生动植物自然生态公园和环境生态体验场[33]。

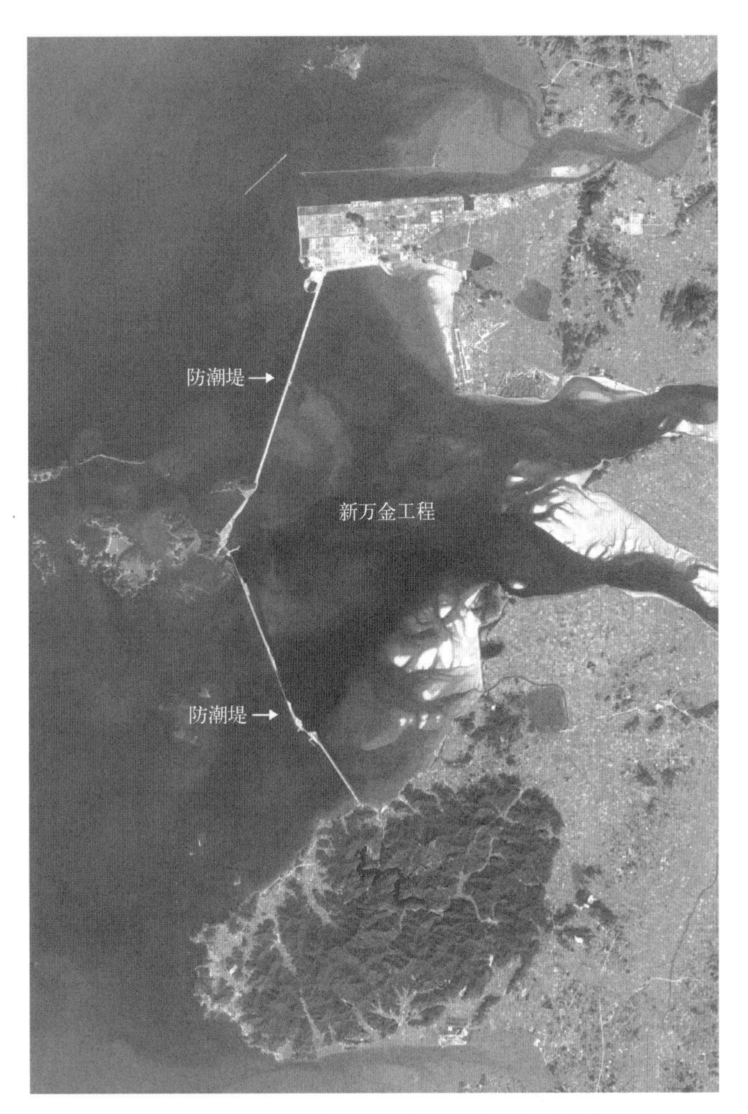

图 4-14 韩国新万金填海工程的地理位置与防潮堤布设

第5章　海洋可再生能源开发技术

5.1　海洋可再生能源概述

广义的海洋能源(ocean energy resources)包括海水中蕴藏的各种机械能、热能、化学能、海洋油气资源、核能以及海洋生物资源等。狭义的海洋能源通常是指海洋中所特有的、依附于海水的可再生能源，包括机械能、热能、化学能等各种储存形式的能。其中，机械能指潮汐、潮流、海流和波浪运动所具有的能量；热能指由太阳辐射产生的表层和深层海水之间的温差所蕴藏的能量；化学能指流入海洋的江河淡水与海水之间的盐度差所蕴藏的能量。

本节所讲的海洋能源是狭义的海洋能源，具有以下特点[6,11,34]。

(1)总蕴藏量大。海洋能源大部分来源于太阳。据估算，全球各种海洋能固有功率的数量，以温差能和盐差能最大，为 1×10^{10} kW；波浪能和潮汐能次之，为 1×10^{9} kW。而目前世界能源消耗水平为数十亿千瓦。当然，如此巨大的海洋能资源，并不是全部都可以被开发利用。

(2)可再生和对环境影响小。由于海洋持续接受着太阳辐射和来自月亮、太阳引力的作用，所以海洋能资源是可再生的，而且没有枯竭之虞。海洋能发电不向大气排放有害气体和热，具有极好的发展前景。

(3)能量密度低。各种海洋能的能量密度一般较低[6,22]。潮汐能的潮差较大值为13~15 m，我国最大值仅8~9 m；潮流能的流速较大值为5 m/s，我国最大值达4 m/s以上；波浪能的年平均波高较大值为3~5 m，最大波高可达24 m以上，我国沿岸年平均波高1.6 m，最大波高达10 m以上；温差能的表层和深层海水温差较大值为24℃，我国最大值与此相当；盐差能渗透压一般为2.51 MPa，相当于256 m水头，与我国最大值接近[34]。

(4)海洋能源分布广，但随时空存在一定的变化。各种海洋能资源在全球海域都有分布，但具有明显的日变化、月变化和年变化，且各海域的海洋能资源种类和数量不尽相同。不过，各种海洋能能量密度的时间变化一般均有规律性，特别是对潮汐和潮流变化已能作出较准确的预报。就我国而言，海洋能区域分布空间不平衡较明显。温差能以台湾、海南两省为多，波浪能则以台湾最为突出，浙江潮流能的理论蕴藏量达到 7.09×10^{6} kW[19]。

(5)海洋能开发利用遇到的问题多，仍处于发展的初期阶段。海洋能发电是在沿岸和海上进行，不占用土地，不需迁移人口，具有综合利用效益，是非常具有开发价值的能源。近年来，不少发达国家都在积极研究开发利用海洋能资源。海洋能资源开发技术存在难度大、成本高、开发利用率低等问题；而且还存在风、浪、流等动力作用、海水腐蚀、海洋生物附着以及能量密度低等问题，致使转换装置设备庞大，要求材料强度高、防腐性能好，设计施工技术复杂、投资大、造价高。现在海洋能资源开发技术还处在发展的初期阶段。

5.2　海洋可再生能源的开发利用方式与技术

本节分别介绍潮汐能、潮流能、波浪能、温差能和盐差能五种常见的海洋可再生能源的开发概况。

1. 潮汐能(Tidal Energy)

(1)定义及原理。潮汐能是涨潮和落潮形成的水的势能。潮汐发电的原理与水力发电类似，就是选择潮汐潮差大、地形条件好的海湾或河口，构筑大坝，将海湾或河口与海洋隔开形成水库，利用涨潮、落潮在坝体内外形成一定的水位差，使具有一定水位差的潮水流过安装在坝体内的水轮机，带动水轮机旋转，带动发电机发电。潮汐发电的原理如图 5-1 所示。潮汐能的能量与潮差的平方和潮量(水库的面积)成正比。潮汐能的主要利用方式就是潮汐发电，与水力发电相比，潮汐能的能量密度很低，相当于微水头发电(低于 3 m 落差，发电效率很低，小于 20%)。

(2)潮汐发电方式。潮汐运动的特点是随着潮水的涨落而周期性地变换方向，这个特点决定了潮汐发电的具体方式稍有别于水力发电。潮汐发电一般方式有：单库单向型、单库双向型、双库单向型等(见图 5-2)。三种潮汐发电方式的工作原理与优缺点如表 5-1 所示。国际上在运行的拦坝式潮汐电站主要采用单库方式。如建于 1984 年的加拿大安纳波利斯电站，采用单库单向工作方式，只有一个水库，且

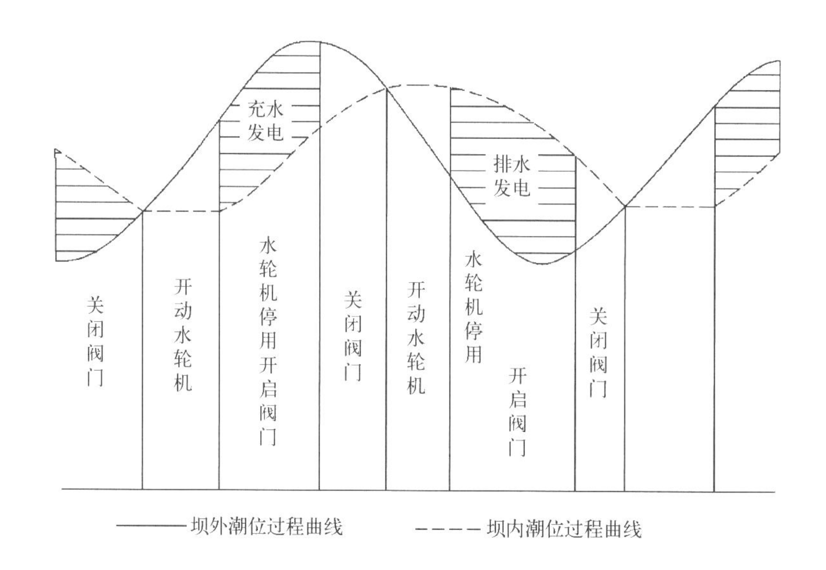

图 5-1　潮汐发电示意

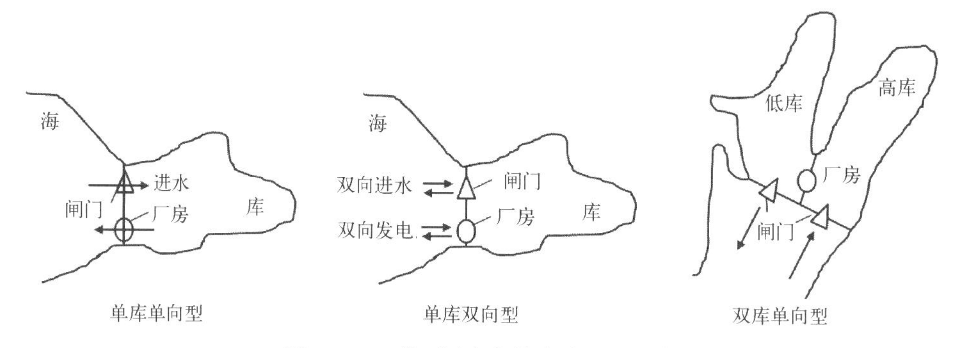

图 5-2　三种不同方案的潮汐电站示意

只在落潮时发电；建于 1966 年的法国朗斯电站，采用单库双向工作方式，即通过拦坝形成一个水库，在涨潮时和落潮时均可发电；韩国于 2011 年建成始华湖潮汐电站(见图 5-3)，采用单库单向发电方式，装有 10 台 25.4 MW 的灯泡贯流式水轮机组。为目前世界上最大的潮汐电站，设计年发电量 5.5×10^{8} kWh，2014 年始华湖潮汐电站发电量为 4.92×10^{8} kWh。

表 5-1　潮汐电站三种方案比较

方案	工作原理	优、缺点
单库单向型	涨潮时将水库闸门打开，向水库充水，平潮时关闸；落潮后，待水库与外海有一定水位差时开闸，驱动水轮机组发电	优点：设备结构简单，投资少 缺点：潮汐能利用率低，发电不连续

续表

方案	工作原理	优、缺点
单库双向型	利用两套闸门控制两条向水轮机引水的管道。在涨潮和落潮时，海水分别从各自的引水管道进入水轮机，使水轮机旋转带动发电机	适应天然潮汐过程，潮汐能利用率高，投资较大
双库单向型	采用两个水力相连的水库。在涨潮时，向高水库充水；落潮时，由低贮水库排水，利用两水库的水位差，使水轮发电机组连续单向旋转发电	优点：可实现连续发电 缺点：要建立两个水库，投资大且工作水头降低

图 5-3　韩国始华湖潮汐电站

除了上述传统拦坝式潮汐能技术之外，英国和荷兰等国家研究机构还开展了开放式潮汐能开发利用技术研究，提出了潮汐潟湖(Tidal Lagoon)、动态潮汐能(Dynamic Tidal Power，DTP)等具有环境友好特点的新型潮汐能技术。潮汐潟湖是利用天然形成半封闭或封闭式的湖，在湖围坝上建设潮汐电站，无须在河口拦坝施工，因而对海域生态损害很小。动态潮汐能是垂直于海岸建造一个长度为 50～100 km 的延伸到海中的坝体，在大坝远端建造一个长度不低于 30 km 的与海岸平行的坝体，形成庞大的“T”形坝；“T”形坝干扰沿海岸平行传播的潮波，在坝体两侧引起相位差，从而产生水头差，并推动安装在坝体内的双向涡轮机发电(见图 5-4)。

(3)潮汐电站站址选择。整体来说，兴建潮汐电站的理想海域是适海(距海岸 1 km 以内)，水深在 20～30 m 的水域。其次，潮汐能电站需要重点考虑以下因素。

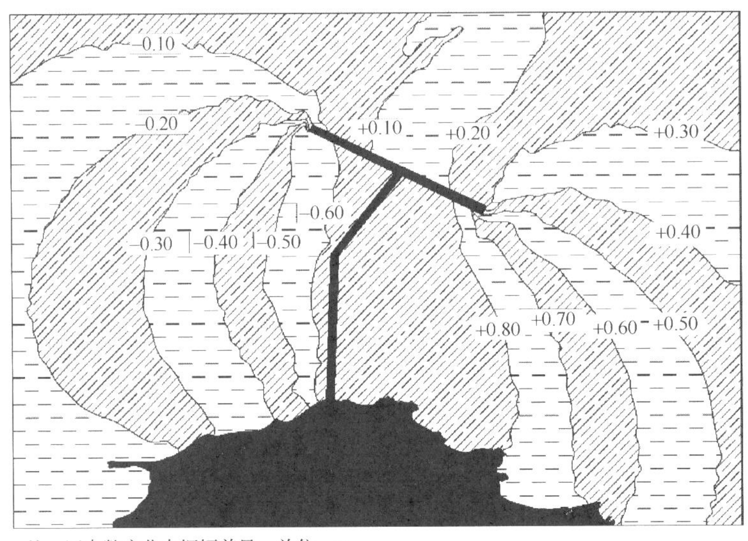

注：图中数字代表振幅差异，单位：m。

图 5-4　动态潮汐能发电原理示意

（图片来源：wikipedia@ UNguyinChina，改绘）

潮汐条件：潮汐条件是选择潮汐电站站址的最主要因素。潮汐能的强度与潮差有关。潮差大的地区蕴藏的潮汐能资源也比较丰富。一般来说，利用潮汐发电必须具有 5 m 以上的潮差。潜在的输出功率与平均潮差的平方成正比。潮汐电站的理论功率可用下式表示：

$$P = \rho VgA/T = \rho gFA^2/T$$

式中：ρ 为海水密度；V 为水库平均有效库容积；g 为重力加速度；F 为水库平均有效库容面积；A 为平均潮差；T 为单潮周期。而其他如潮汐电站坝高、坝基稳定性及水闸规模等的分析计算都和潮汐变化过程，尤其是潮汐特征值密切相关。

地貌条件：应选择那些口门小而水库水域面积大的地域。从已建成或进行过前期工作的潮汐电站位置来看，有海湾、河口、湾中湾、潟湖等，其中以湾中湾最为理想，因其不受外海风浪作用，泥沙运动弱，库区淤积缓慢，如浙江江厦潮汐电站运行十余年后没有明显的淤积。潟湖泥沙淤积较为严重，如建在潟湖出口处的白沙口潮汐电站，1972—1974 年间蓄沙量增加约 12 000 m^3。

地质条件：基岩是电站厂房最理想的地基。因此，基岩港湾海岸是最适合建设潮汐电站的海岸类型。大坝通常都建在软黏土地基上，坝址尽可能选择软黏土层较薄而下面为不易压缩层或者基岩为好，沉降小，结构稳定。

潮汐电站工程的综合利用及社会经济条件：综合利用不仅会增加经济效益，而且还会大幅度降低工程单位投资；站址选择必须综合考虑腹地社会经济状况、电力供需条件以及负荷输送距离等因素。

工程、水文条件：站址评价还应该考虑到潮汐挡水建筑物的总长度、厂房的位置及长度、地震情况、航道和鱼道设施的要求等工程条件，以及潮汐水库的规模、沿挡水建筑物轴线的平均水深、挡水建筑物对风和波浪的方位等水文条件，以及泥沙淤积问题。

环境影响：潮汐电站减小了风、流速，加快泥沙和悬浮生物沉淀，增加光合作用的深度，优化了海洋养殖环境；改变潮差、潮流及海水的部分物理和化学参数；减小纳潮面积，造成海底生物栖息区的变化，以及海边鸟类和水鸟在其他湖区可能生活的范围；潮汐挡水建筑物阻碍了海洋哺乳动物的洄游等活动。

2. 潮流能(Tidal Current Energy)

潮流能是指月球和太阳的引潮力使海水产生周期性的往复水平运动而形成的动能。潮流能的发电原理和风力发电类似，即将水流的动能转化为机械能，进而将机械能转化为电能。潮流能发电装置按获能装置的工作原理可分为水平轴叶轮式、垂直轴叶轮式、振荡式和其他方式。水平轴叶轮式机组与风机原理类似，机组在水中必须按水流方向放置，叶片可以是固定桨距，也可以是变桨距的，比较适合在水深较深的海域应用。垂直轴叶轮式机组的转轴在垂向上与水流方向保持正交，或者在水平方向与水流方向保持正交，在浅水区或者狭窄且深的水道中有更大的应用优势。振荡式机组的水翼借鉴了“游鱼”的尾部运动特征，通过潮流作用使发电系统尾翼上、下摆动而产生动能，进而转换为电能。

国际上大多数潮流能发电装置都处于技术研发阶段，仅一小部分装置达到了全比例海上示范阶段。根据《2014 年联合研究中心(JRC)海洋能现状报告》的初步统计，全球有 13 个国家从事潮流能技术研发，英国潮流能技术始终处于世界领先地位。2008 年，1.2 MW 的 SeaGenS 型潮流能发电机组(见图 5-5)在北爱尔兰斯特兰福德湖并网运行，截至 2014 年累计发电已超过 9×10^6 kWh。中国潮流能开发利用技术研究始于 20 世纪 80 年代。中国潮流能装置主要分为垂直轴和水平轴两种形式，垂直轴装置研发起步较早，但装置较少；水平轴装置研发起步较晚，但发展迅速。

国际上正在进行的全球最大的潮流能发电场项目——MeyGen 计划于 2015 年开工，总装机容量 398 MW(见图 5-6)。该项目的成功建设将促进全球潮流能发电市场，预示着潮流能发电将从示范项目成功转向商业应用。2016 年 12 月第一台涡轮机开始全功率运行，并且所有 4 台涡轮机都在 2017 年 2 月安装完毕。截至 2018 年，4 台涡轮机发电总量为 8 GWh。

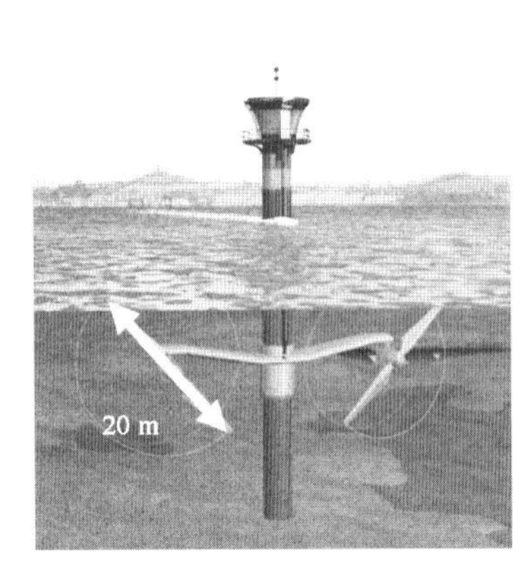

图 5-5　英国 SeaGenS 型潮流能发电装置

（图片来源：Wikipedia@ Fabioroques）

图 5-6　英国 MeyGen 计划选用的机组

（图片来源：CleanTechnica）

3. 波浪能(Wave Energy)

海洋波浪能是由风能转化而来的一种能量，风吹过海洋，通过海气相互作用把能量传递给海水，形成波浪，将能量储存为势能(水团偏离海平面的位势)和动能(通过水体运动的形式)。波浪能发电是利用物体在波浪作用下的运动、波浪压力的变化及波浪在海岸的爬升等所具有的机械能进行发电。

随着各国投入大量资金进行波浪能发电装置的研究，波浪能技术得到了迅速的发展，但波浪能技术种类比较分散，尚未进入技术收敛期。全球有 16 个国家在进行波浪能发电研究，英国、美国、澳大利亚、丹麦和西班牙等国家的波浪能开发技术和应用规模居世界领先地位(图 5-7)。

美国Power Buoy

(a)

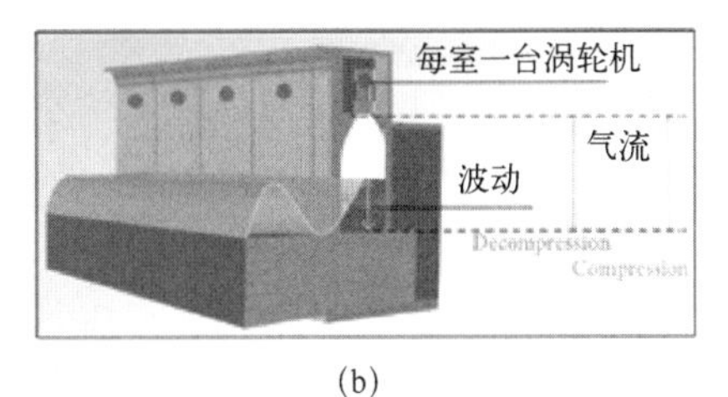

(b)

西班牙Mutriku

英国Oyster

丹麦Wave Dragon

图 5-7　国际上具代表性的波浪能发电装置

4. 温差能(Temperature-difference Energy)

应用热力学原理，利用热带海域的表层海水(27℃左右)与海洋深处(750~900 m)的深层海水(4℃左右)的温差来驱动发动机发电，将温差能转换成电能的方式叫温差发电，又称海洋热能转换技术。主要原理是在一定的低压条件下，热海水使工作介质(低沸点物质，例如在一个大气压条件下，氨的沸点是-33.3℃；丙烷的沸点为

42.3℃；氟利昂 R22 的沸点为-40.8℃）沸腾产生蒸汽，蒸汽推动汽轮机旋转，把从海水接受的热能转换为电能；汽轮机排出的工作介质蒸汽进入冷海水的冷凝器，工作介质重新变成液态，循环使用（图 5-8）。据初步估算，采用氨为工作介质的海水温差发电成本比火力发电和原子能发电成本低得多。图 5-9 为日本在冲绳成功地建成输出功率为 100 kW 的海水温差发电站。

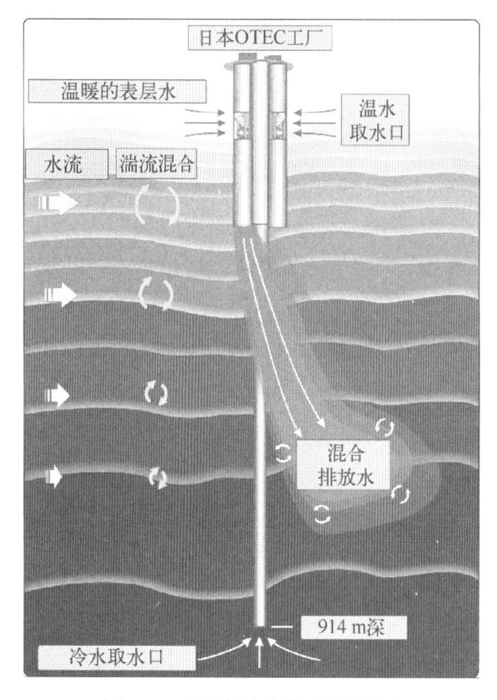

图 5-8　海洋温差能利用原理

（图片来源：makai.com）

图 5-9　日本冲绳 OTEC 示范电站

（图片来源：otecokinawa.com）

5. 盐差能（Salinity Gradient Energy）

在不同盐度的海水水体界面上，由于存在盐度差，假如把一层半透膜放在不同盐度的两种水之间，通过这个膜会产生一个压力梯度，迫使水从低盐度一侧通过膜向高盐度一侧渗透，从而稀释高盐度的水，直到膜两侧水的盐度相等为止，此压力称为渗透压。试验表明，当海水盐度为 35 时，通过半透膜在海水和淡水之间可以形成 2.51 MPa 的压力，相当于 256 m 水头。将海水和淡水间产生的盐度差能转换成电能的方式，叫盐度差发电，也可称为渗透压发电（见图 5-10）。

全球首个盐差能发电示范系统是由挪威 Statkraft 公司于 2009 年建成的 10 kW 盐差能示范装置（见图 5-11）。该装置采用缓压渗透式发电技术，即淡水和海水经过预处

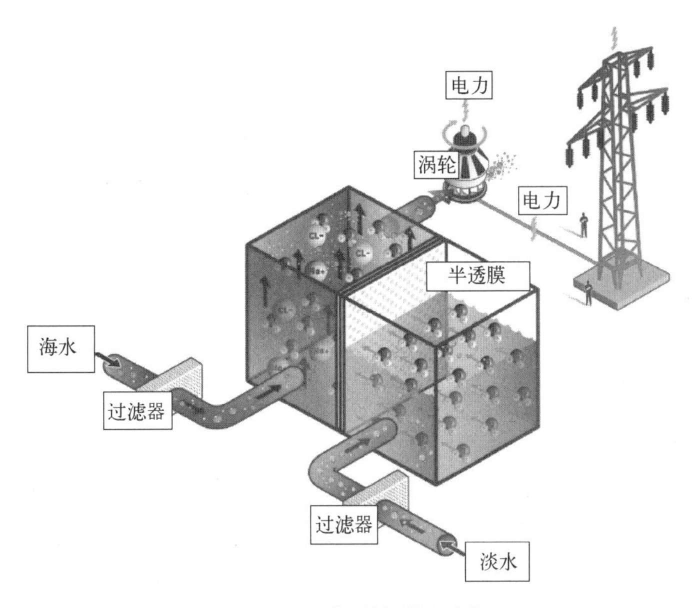

图 5-10　渗透能利用示意

理后在装置膜组件半透膜两侧形成渗透压差，淡水向盐水渗透，使浓水体积增大，盐差能转化为压力势能，推动涡轮发电。2013 年 10 月，荷兰 REDstack 公司和日本富士胶片公司合作在荷兰 Afsluitdijk 拦海大坝开工建设 50 kW 基于反向电渗析原理的盐差能示范电站即采用阴离子渗透膜和阳离子渗透膜交替放置，中间间隔处交替充以淡水和盐水的方式，膜界面由于浓度差产生电位差，从而进行发电。

图 5-11　挪威 Statkraft 公司盐差能示范装置

（图片来源：http∥www. stakraft. com/）

6. 小结

通过对国内外潮汐能、潮流能、波浪能、温差能、盐差能开发利用现状分析，对海洋可再生能源的开发利用技术水平、未来发展趋势总结如下[35]。

(1)潮汐能技术已达到商业化运行阶段，潮流能技术已进入全比例样机实海况测试阶段，波浪能技术已进入工程样机实海况测试阶段，温差能技术已进入比例样机实海况测试阶段，盐差能技术尚处于实验室验证阶段。

(2)中国潮汐能技术与国际先进水平差距不大，潮流能等其他海洋能技术与国际先进水平差距较大。

(3)各种海洋可再生能源发展趋势如下：更大型的环境友好型潮汐能技术成为新的技术研究方向；大型潮流能机组与小型潮流能机组并重，漂浮式技术成为未来发展方向之一；波浪能发电装置稳定性和生存性稳步提高，探索装置阵列化应用，布放海域由近岸向深远海发展；海洋温差能混合介质高效热力循环的使用和海水淡化、空调制冷的综合利用；低成本专用膜的规模化生产是盐差能技术发展的重点。

5.3 海洋可再生能源开发的环境效应

总体上来说，海洋能源都是可再生能源，利用海水中承载的各种天然能量，开发过程中几乎不向环境排放各种污染物，环境污染问题较小。但是海洋能源开发过程中，一些开发设施的构建可能会对环境造成一定的影响[32, 34-37]。

(1)潮汐能的开发利用会改变潮差和潮流，加剧泥沙淤积或海岸侵蚀；妨碍航运、改变潮间带的面积和位置、缩减湿地面积、增加沉积、减小对污染的自净能力、改变大坝外的潮汐等。在生态学影响方面，通过对各种不同的坝址进行广泛的调查研究，总的结论是，这些影响的程度也因地而异。许多潮汐电站的站址往往是具有国家和国际意义的鸟类栖息地。如果这些站址区特殊的生态特征消失后会影响栖息在那里的动物生态环境，在选址的时候就要慎重考虑。由于水轮机的运转可能会导致鱼类死亡，并会妨碍溯河产卵的鱼种的洄游，因此潮汐电站也对鱼类有着潜在影响。英国塞文河和加拿大芬迪湾潮汐电站的设计中都考虑了鱼类死亡问题。而在法国朗斯潮汐电站，只是最近才发现有导致鱼类死亡的迹象，但还没有任何证据证明朗斯电站对鱼类造成了重大影响。

(2)潮流能发电一般不会对生态环境和生物多样性造成影响，但潮流能的理想站址是航道，可能会妨碍海区的海上交通运输。

(3)波浪能基本无污染，且单个发电装置无明显对环境的不利影响，但当大规模发展时，可能会由于提取能量过多而造成沉积物和海床泥沙的运移。

(4)温差能转换电站由于会大量抽取冷水和排放使用过的水而对环境有一定影响。例如，可能使鱼卵、幼鱼等被水流卷走或伤害；此外电站对海区温度和盐度的改变也会改变当地的生态系统。

(5)盐差能由于现有的开发系统非常昂贵，因而少有人研究这方面的工作。

但有的情况下，海洋能源的开发也会与自然和谐相处，例如，韩国于 2011 年建成始华湖潮汐电站，电站建成运行后，由于引入了外界海水，湖内水体化学需氧量指标由 17×10^{-6}mg/L 降到了 2×10^{-6}mg/L，较好地解决了始华湖水体富营养化严重的状况[38]。

5.4 海洋可再生能源开发利用与技术国内案例剖析——中国江厦潮汐电站

我国自 1958 年开始研究利用潮汐能，至 1985 年先后建成白沙口、沙山、江厦等约 40 座潮汐电站，除了江厦的规模相对较大，其余电站的规模都比较小。位于浙江温岭的江厦潮汐电站是我国最大的潮汐电站，总装机容量 4 100 kW(图 5-12)，规模仅次于韩国始华湖潮汐电站、法国朗斯潮汐电站和加拿大安纳波利斯潮汐电站，位居世界第四。江厦潮汐电站与世界三大潮汐电站的机组主要参数见表 5-2。

图 5-12　江厦潮汐电站

表 5-2　江厦潮汐电站与世界三大潮汐电站机组主要参数

参数	电站				
	始华湖潮汐电站	法国朗斯潮汐电站	安纳波利斯潮汐电站	江厦潮汐电站	
				1 号	2 号
工况	单向发电	双向发电	单向发电	双向发电	双向发电
转轮直径/m	7.5	5.35	7.6	2.5	2.5
叶片数/个	4	4	4	4	4
导叶数/个	—	24	18	16	16
水头范围/m	—	3~9	1.4~1.7	0.8~5.5	1.2~5.5
额定水头/m	5.8	5.8	5.5	3.0	3.0
额定功率/MW	25.4	10	17.8	0.7	0.7
额定流量/(m^3/s)	48	192	407	30.0(正) 25.0(反)	31.6(正) 27.0(反)
额定效率/(%)	—	86	89.1	85.0(正) 78.0(反)	89.4(正) 84(反)
额定转速/(r/min)	—	93.8	50	—	125
飞逸转速/(r/min)	—	—	98	—	391
总装机容量/MW	254	240	17.8	4.1	—

1. 概况

江厦潮汐电站位于浙江省乐清湾末端温岭市境内的江厦港上，该港长 9 km，坝址处宽 686 m，过水宽度仅 350 m。江厦港系乐清湾北端一个狭长封闭式浅海半日潮港，是我国高潮差区之一，平均潮差为 5.08 m，最大潮差为 8.39 m。坝址以上港长 5 km，集水面积为 5.3 km^2。

电站枢纽由堤坝、泄水闸、发电厂房和升压开关等组成(见图 5-13)。堤坝为黏土心墙堆石坝，全长 670 m。堤高 15.5 m，堤顶宽 5.5 m，堤底最大宽度 172 m，泄水闸建于堤坝与发电厂房之间，为 5 孔平底泄水闸。每孔净宽 3 m×4 m。发电厂房位于左岸，为挡水海工建筑物，建于由山丘开挖后的凝灰质基岩上，全长 56.9 m，宽 25 m，高 25.2 m，各机组段跨度 7.5 m。

电站于 1970 年勘测选址，1972 年被列为国家重要科研项目。1972 年在原围垦工程基础上兴建，1979 年水工建筑竣工。1 号和 2 号机组于 1980 年 5 月发电。1985

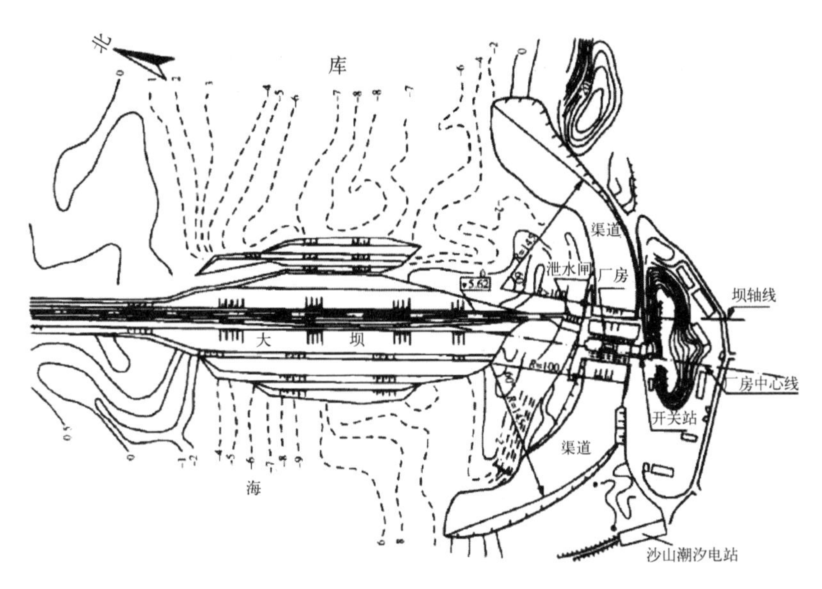

图 5-13　电站工程枢纽布置

年12 月 3 日、4 日和 5 日机组并网发电。从 1986 年起，电站转入了正常运行。总装机容量3 200 kW，年发电量稳定在 6×10^6 kWh。

2. 江厦潮汐电站运行方式

江厦潮汐电站采用单库双向的开发方式，机组可以作正反两个方向的发电运行，水流从水库流向海洋是正向发电，从海洋流向水库是反向发电。机组的运行工况顺序为正向发电、正向泄水、停机等待、反向发电、反向泄水、停机等待，循环往复(见图 5-14)。当机组运行水头大于 0. 8 m 时，正、反向均可为发电工况；当水头小于 0. 8 m 时，机组转为泄水工况；当水头为 0. 08 m 时，泄水中止，刹车停机。图 5-14 中 $H_1\sim H_5$ 的正确选择对增加发电量有很大的意义。这实际上也是一个水库优化调度的问题。对潮汐电站来说，发电运行追求的目标应该是使获得的发电量最大，而效率的降低可以通过增加流量来补偿，这也是电站发电运行的原则。

3. 经济效益及意义

江厦潮汐电站的总投资为 1 278. 7 万元(1985 年)，造价为 3 996 元/kW，大约是同期河川水电站造价的 2 倍。国际潮汐电站成本亦比河川水电站高，如法国朗斯潮汐电站单位容量造价即为同规模水电站的 2. 5 倍。经过多年的运行实践，证明机组运行可靠，功率达到设计要求。除直接的发电收益外，社会效益显著，主要表现为港湾围

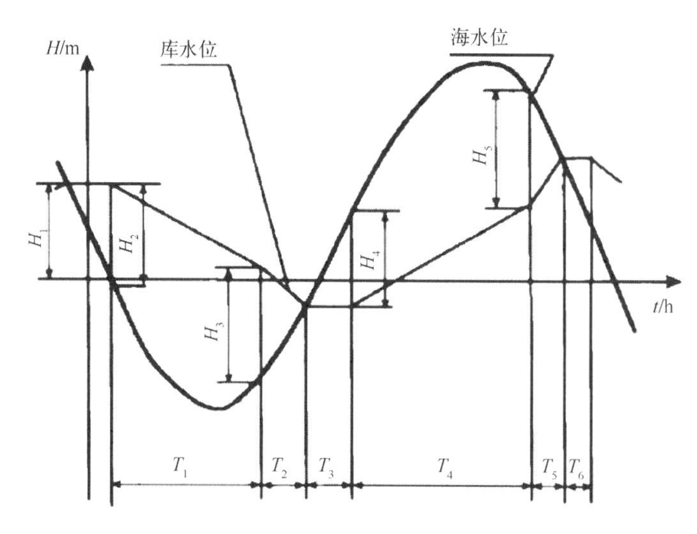

图 5-14　机组运行工况循环

T_1 为正向发电；T_2 为正向泄水；T_3 为停机等待；T_4 为反向发电；T_5 为反向泄水；T_6 为停机等待；

H_1 为反向泄水结束时库水位；H_2 为正向发电初始水头；H_3 为正向泄水初始水头；

H_4 为反向发电初始水头；H_5 为反向泄水初始水头

堵后，围垦获得 $3.73 \times 10^6\ m^2$ 土地种水稻、柑橘等作物；水库面积 $1.4 \times 10^6\ m^2$，水位变幅小，适于海水养殖。每年综合利用效益收入已远高于发电的收入。江厦潮汐电站的成功运行并获得巨大的经济效益，标志着我国利用潮汐能源发电进入了实用的新阶段，为我国丰富的潮汐能源开发起到重要作用。

5.5　海洋可再生能源开发利用与技术国外案例剖析——法国朗斯潮汐电站

1. 电站概况

法国朗斯潮汐电站是世界上第一座大型潮汐电站。1966 年 8 月 19 日法国朗斯潮汐电站投产发电，1967 年 12 月 4 日最后一台机组(共 24 台)投入运行，至今已运行 53 年。

法国朗斯潮汐电站站址选在离朗斯河口 4 km 处。坝址位于拉布列比斯和拉布列阿太斯角之间，并穿过河中的卡里贝尔特小岛，坝总长 750 m。坝址处水深 12 m，实际坝长为 910 m，自左岸至右岸，依次为船闸、机组段、堆石坝和泄水闸。该潮汐电站平均潮差为 8.5 m，最高大潮达 13.5 m，水库面积 9 km^2(图 5-15 和图 5-16)。

图 5-15　法国朗斯潮汐电站鸟瞰

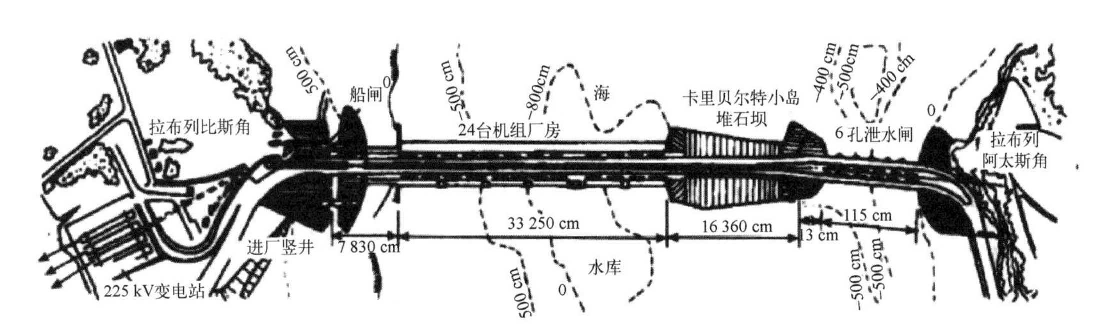

图 5-16　法国朗斯潮汐电站布置

2. 机组的运行特性

法国朗斯潮汐电站安装的是灯泡贯流式水轮发电机组。它具有正向发电、反向发电、正向抽水、反向抽水和正向泄水、反向泄水共六种运行工况。

单向运行(不抽水或抽水)工况的过程如图 5-17 所示。在涨潮时打开进水闸门，直到平潮时水库水位达到最高水位。停机阶段关闭闸门，在落潮时保持水库内高水位，至水库内水位高于海面 6 m 时启动水轮发电机组发电。水位差小于 1.2 m 时，发电效率低，停机，以保持水库内水位不致过低。泵水可以提高水库内水位以提高水头。双向运行(不抽水或抽水)工况的过程，如图 5-18 所示。为准备反向发电(涨潮)，在正向发电之后需排空水库(泄水)。

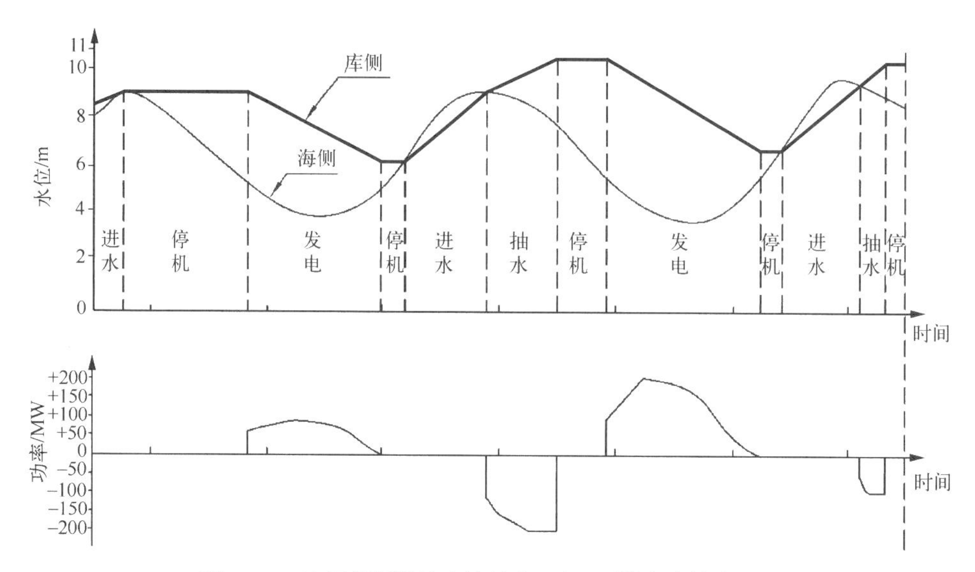

图 5-17　法国朗斯潮汐电站单向运行（不抽水或抽水）过程

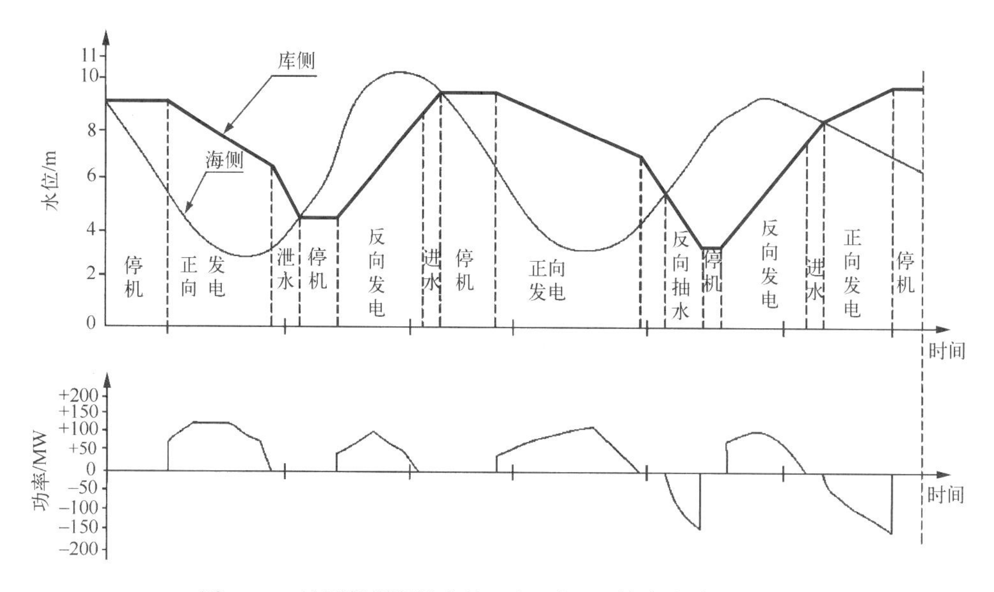

图 5-18　法国朗斯潮汐电站双向运行（不抽水或抽水）过程

3. 电站的运行经验

法国朗斯潮汐电站是利用潮汐能发电的第一座商业性电站。24 台机组很快通过试运行期。尽管其结构独特，在初期运行的年代里，设备完好率很高，接近 95%。在 1973—1974 年实现了保证机组灵活运行的六种复杂的循环工况。此时，发电量达到了设计水平——年发电量 6.07×10^9 kWh。在 1975—1982 年期间机组暂停抽水运行，只作正向的发电运行，机组的完好率至少能有 72%~84%，电能损失降到最低程度(7 年为 1×10^8 kWh)。1983 年之后法国朗斯潮汐电站又进入了正常运行。

4. 法国朗斯潮汐电站的评价及经济效益

法国朗斯潮汐电站的建筑物是牢固的，因此未来它可能将会运行上百年。24 台灯泡贯流式水轮发电机组能够在六种工况下运行，已成为当今潮汐电站的样板。法国朗斯潮汐电站可以发出年平均和月平均保证电量，而不受年际和季节水量的影响。此外，法国朗斯潮汐电站对论证潮汐能的生态环境结构有非常重大的意义。在法国朗斯潮汐电站的水库不仅建立了极其良好的休闲环境，每年接待 5 000 批旅游者，而且形成了新的生态系统，生物资源比之前更为丰富。法国朗斯潮汐电站建成后，大坝坝顶成为公路，缩短了城市间距离，获得了显著的经济收益。

第 6 章　海洋生态环境保护

6.1　海洋生态环境保护概述

沿海地区人口密集，经济发展快速，其大规模的开发建设以及海洋资源的过度开发利用，已给全世界的海洋资源环境造成了十分沉重的压力。联合国《21 世纪议程》明确指出，海洋是全球生命支持系统的一个基本组成部分，也是一种有助于实现人类社会可持续发展的宝贵财富。《中国海洋 21 世纪议程》也明确提出："建设良性循环的海洋生态系统，形成科学合理的海洋开发体系，促进海洋经济持续发展。"

海洋是人类生存的自然环境的一个重要组成部分，它包括海洋水体、海床、海面上方的大气和海洋生物。海洋几乎对地面上的一切变化过程都产生重大影响。海洋控制着自然环境中水的循环和二氧化碳气体的流动。海洋中的植物靠光合作用把无机盐变成蛋白质和脂肪，并使大气中充满氧气。海洋植物每年产生的氧约 3.6×10^{10} t，占大气中氧含量的 70%。海洋受太阳热能的作用蒸发出水蒸气，并形成大气中的淡水，然后以降雨的形式落入海洋和陆地。海洋还通过从热带区域流向北方的暖流来缓和与平衡地球的气候。海洋的污染损害，可能影响氧和二氧化碳以及全球水分的循环，引起热状态和大气环流的不平衡。最近频发的严重干旱和洪水，或破坏性霜冻和飓风现象，可能都与海洋环境的污染损害有关。

良好的海洋生态环境对于经济和社会发展也具有重大作用。世界上大多数沿海地区气候宜人，资源丰富，适合于人类居住生活。沿海地区适合于建立临海工业、外贸事业、旅游业以及海产品加工业和交通运输业等。因此，世界范围内，居住在沿海地区的人口占世界总人口的 40%以上，而且近百年来人口一直有向沿海地区集中的趋势。我国沿海省、自治区和直辖市共有 4 亿多人口，约占全国人口的 32%；沿海地区的工农业总产值占全国工农业总产值的 50%以上。沿海地区的人类生活和经济发展，都要求有良好的生态环境[38]。

6.2　海洋生态环境保护的方式

海洋生态环境保护有多重方式，例如，建立海洋环境保护制度、实施海洋功能区划等，这些方式可以多管齐下，共同保护海洋生态环境。这一节简要介绍九种海洋生态环境保护的方式方法，之后着重介绍海洋自然保护区这种保护方式。

1. 海洋生态环境保护的多重方式

(1)建立海洋环境保护制度[39]。中国确立了“统一监督管理、分工分级负责”的海洋环境保护监督管理体制。环境保护行政主管部门负责对全国环境保护工作统一监督管理，海洋、海事、渔政等行政主管部门以及军队等各司其职，负责各自权限范围以内海域的海洋环境保护和管理工作。

法律手段是一种强制性手段，在海洋资源的利用中，必须遵循海洋生态系统的客观规律，依法管理海洋利用与开发行为，增强海洋生态功能。广泛地宣传《中华人民共和国海洋环境保护法》(以下简称《海洋环境保护法》)、《中华人民共和国海域使用管理法》《中华人民共和国海岛保护法》《中华人民共和国渔业法》和《中华人民共和国野生动物保护法》等法律，加快制定与海洋生态环境相关的法律法规，不断提高全民的法治观念，形成全社会自觉保护海洋生态环境、美化海洋生态环境的氛围。所以，在认真贯彻执行《海洋环境保护法》等法律的基础上，应针对海洋资源退化、海洋利用结构失调、海洋生态环境严重恶化(如海水酸化、富营养化、海水温度上升、外来物种入侵)等问题，建立有效的法律法规体系。同时，对海洋利用实行国家控制的法律制度：即按照海洋主体功能区规划的用途管制规则来开发海洋，在规划许可下转变海洋用途；划定海洋自然保护区、海洋生态特别保护区、海洋景观自然保护区等生态用海，优先保护各类生态用海；实行城乡空间增长管理，控制城市、农村盲目扩张而滥占用海的现象；加强海岸带整治修复规划与制度建设，整治损毁海洋与污染海洋问题，严格控制在生态脆弱地区开发利用海洋，积极防止海洋环境恶化。

《海洋环境保护法》提出建立并实施重点海域排污总量控制制度，要求确定主要污染物排海总量控制指标，并对主要污染源分配排放控制数量。《海洋环境保护法》建立的对海排污收费制度规定，直接向海洋排放污染物的单位和个人，必须按照国家规定缴纳排污费，向海洋倾倒废弃物，必须按照国家规定缴纳倾倒费。

(2)实施海洋功能区划。针对各海域的具体情况，《全国海洋功能区划(2011—2020年)》提出了有针对性的海域使用管理措施。在渤海海域实施最严格的围填海管理与控制政策，实施最严格的环境保护政策。黄海沿岸的淤涨型滩涂辽阔，海洋生态系统多样，生物区系独特，应加强保护。在东海，加强海湾、海岛及周边海域的保护，限制湾内填海和填海连岛，加强重要渔场和水产种质资源保护。在长江三角洲及舟山群岛海域，实施污染物排海总量控制制度，改善海洋环境质量。南海海域要加强海洋资源保护，严格控制北部沿岸海域，特别是河口、海湾海域围填海规模，加快以海岛和珊瑚礁为保护对象的保护区建设。

(3)确立海岛保护制度。《中华人民共和国海岛保护法》要求国务院和沿海地方各级人民政府应当将海岛保护和合理开发利用纳入国民经济和社会发展规划，采取有效措施，加强对海岛的保护和管理，防止海岛及其周边海域生态系统遭受破坏。《中华人民共和国海岛保护法》建立了多项重要制度，包括海岛保护规划制度、海岛生态保护制度、无居民海岛权属及有偿使用制度、特殊用途海岛保护制度和监督检查制度等。海岛保护规划制度是从事海岛保护、利用活动的依据。无居民海岛权属及有偿使用制度规定无居民海岛属于国家所有，由国务院代表国家行使无居民海岛所有权，是海岛管理的核心制度。特殊用途海岛保护制度主要是通过对领海基点所在海岛、国防用途海岛和海洋自然保护区内的海岛实行特殊保护措施。

(4)探索陆海联动的海洋环境保护机制。2008 年，国务院批复了《渤海环境保护总体规划(2008—2020 年)》，该规划由国家发改委、环保部、城乡建设部、水利部、国家海洋局等联合实施。规划提出“海陆统筹，河海兼顾”，要求“全面加强从海洋到河流，从入海口到流域上游地区的污染源控制，并把陆地污染源控制、流域水资源与水环境综合管理，以及海域保护有机结合起来”。2017 年，我国印发了《近岸海域污染防治方案》，该方案以加强近岸海域环境保护、保护海洋生态系统健康为目标，坚持“质量导向、保护优先、河海兼顾、区域联运、突出重点、全面推进、综合防治、精准施策”的原则。

(5)多手段养护海洋渔业资源。从 1995 年起，中国开始在东海、黄海和渤海海域实行全面的伏季休渔制度。伏季休渔制度规定，在每年的一定时间、一定水域不得从事捕捞作业。因该制度所确定的休渔时间处于每年的三伏季节，所以又称“伏季休渔”。此外，中国农业部规定：自 2015 年 1 月 1 日起，黄渤海、东海、南海三个海区全面实行海洋捕捞网具最小网具尺寸制度，禁止使用小于最小网目尺寸的网具进行捕捞，并全面禁止制造、销售、使用双船单片多囊拖网等 13 种禁用渔具。自 2015 年 1 月 1 日起，各级渔业执法机构将对海上、滩涂、港口渔船携带和使用网具的网目情况以及禁用渔具使用情况进行执法检查。

(6)开展海域和海岛的生态修复。从 2009 年起，中国展开海域海岸带整治修复工作，对自然景观受损、生态功能退化、防灾减灾能力减弱、利用效率低下的海域海岸带实施整治修复。渔业水域生态修复是各沿海省市一项常态化工作。沿海各地海洋渔业管理部门每年都进行增殖放流，并不定期地投放人工鱼礁。山东等省市每年从省财政拨付专款用于人工鱼礁建设，河北省专门制定了《河北省水产局人工鱼礁管理办法》，广东等省市则将人工鱼礁建设作为重要内容写入海洋环境保护规划中。限渔、禁渔等管制措施，以及增殖放流、人工鱼礁建设等生物和工程措施，是中国促进海洋和海岛生态修复和自我恢复能力、促使生态系统向良性循环方向发展的主要措施之一。除此之外，中国还通过岛屿植被修复、沙滩修复、污染物处理以及可再生能源利用等海岛整治修复技术与方法，对生态系统严重退化的小岛屿进行修复。通过红树林种植、珊瑚礁培育、滨海湿地重建等方式，重建或者恢复已经退化的典型海洋生态系统。

海洋生态修复案例：国内首个“海上风电+海洋牧场”示范项目

早在 2000 年，以德国、荷兰、比利时、挪威等为代表的欧洲国家已开始实施海上风电和海水增养殖结合的试点研究，以达到集约用海的目标，为评估海上风电和多营养层次海水养殖融合发展潜力提供了典型案例。2016 年，以韩国为代表的亚洲国家也开展了海上风电与海水养殖结合项目。结果表明，双壳贝类和海藻等重要经济生物资源量在海上风电区都有了增加。

国内首个“海上风电+海洋牧场”示范项目位于山东省潍坊市昌邑市境内北部莱州湾海域，全称为昌邑海洋牧场与三峡 300 MW 海上风电融合试验示范项目(图 6-1)。项目总投资 51.3 亿元，配套建设 220 kV 海上升压站一座。项目于 2019 年 6 月开工，预计 2024 年 6 月完工，由三峡新能源山东昌邑发电有限公司负责建设。

图 6-1　海上风电与海洋牧场相结合示意

(图片来源：http://www.sohu.com/a/332490601_440908)

海洋牧场是基于海洋生态系统原理，在特定海域通过人工鱼礁、增殖放流等措施，构建或修复海洋生物繁殖、生长、索饵或避敌所需的场所，实现渔业资源可持续利用的渔业模式。“海上风电+海洋牧场”的基本原理，是将鱼类养殖网箱、贝藻养殖筏架固定在风机基础之上，海上风电投入运行后，不仅可以生产清洁电能，桩基还可起到类似人工鱼礁聚集鱼类的作用，为海洋生物鱼类、贝类和藻类等提供良好的栖息、庇护和产卵场所，并吸引海鸟等猎捕型生物，形成一条高度复杂的食物链。

山东省率先在全国建设“海上风电+海洋牧场”示范项目，重要原因在于其具有独特的地理优势。山东省是海洋大省，陆地海岸线约占全国海岸线的1/6，毗邻海域 1.60×10^5 km²。根据《山东省电力发展“十三五”规划》，到2020年，山东省将建成风电装机 1.4×10^7 kW，规划鲁北、莱州湾、渤中、长岛、半岛北、本岛南六个百万千瓦级海上风电场，总装机规模 1.275×10^7 kW。到2022年，山东省开工建设海上风电装机规模达到 3×10^6 kW 左右。山东省也是渔业大省，海洋生物繁多。其具有经济价值的生物资源多达400余种，海洋生产总值占全国生产总值的20%。截止到2019年，山东已建设海洋牧场600 km² 余，创建省级以上海洋牧场示范区83处，其中国家级32处，占全国的37%，居全国首位。

(7)加快建设海洋保护区。2010年，国务院通过了《中国生物多样性保护战略与行动计划》(2011—2030年)(以下简称《行动计划》)，提出了中国未来20年生物多样性保护总体目标、战略任务和优先行动。在海洋生物多样性保护方面，《行动计划》确定了黄渤海保护区域、东海及台湾海峡保护区域和南海保护区域三个海洋与海岸生物多样性保护优先区域，并详细列举了各区的保护重点。《行动计划》还选定“海岸及近海典型生态系统保护与生态修复工程”为生物多样性保护优先项目之一，内容包括：开展海岸及近海典型生态系统本底调查，摸清各类典型海岸及近海生态系统现状，研究制定海洋生态区划与保护示范；选择在沿海地区红树林、珊瑚礁、海草床、滨海湿地集中分布区及重要海岛生态区，实施海洋保护区建设工程。

中国已经基本建成海洋自然保护区和海洋特别保护区相结合的海洋保护区网络体系，至2018年年底，中国共建立了各级各类海洋自然保护区271处(不含台湾、香港和澳门)，总面积达12.4 km²，其中国家级涉海自然保护区106处。海洋自然保护区保护对象包括斑海豹、中华白海豚等珍稀海洋生物，红树林、珊瑚礁等典型海洋生态系统，贝壳堤、海底古森林等海岸地质遗迹以及丹顶鹤等珍稀水禽及其栖息地。

(8)构建海洋环境立体监测系统。2004年，中国启动全国近岸海洋生态监控区工作，在近岸重要海洋生态敏感区域，包括河口、滨海湿地、红树林、珊瑚礁、海草床及海湾等典型海洋生态系统建立 18 个生态监控区，监测环境指标、生物指标及生态压力指标，评价海洋生态系统的健康与安全状况，甄别主要海洋生态问题与原因，为海岸带环境综合管理提供支持。近年来，中国还组织开展了海洋环境质量状况与趋势监测、近岸赤潮监控区监测、近岸海洋生态监控区监测、重点入海排污口及邻近海域监测、近岸海域环境质量监测和渔业水域环境监测等专项监测，定期发布《中国海洋环境状况公报》《中国近岸海域环境质量公报》《中国渔业生态环境状况公报和海洋环境专项监测通报》，通过这些能够全面地掌握中国海洋生态环境的现状与变化趋势。

(9)实现海洋环境保护执法常态化。“碧海”系列专项执法行动从 2009 年开始实施，行动定位为海洋环境保护专项执法行动，以开展防治海洋工程建设项目污染损害海洋环境执法为重点，针对海洋石油勘探开发、海洋倾废、海洋自然保护区、海洋特别保护区、海洋生态监控区、重点排污口等领域，强化监督检查，严厉打击和依法查处重大海洋环境违法行为。

2. 海洋自然保护区

海洋自然保护区(marine nature reserves)是为保护海洋环境和海洋资源而划出界线加以特殊保护的具有代表性的自然地带，是保护海洋生物多样性，防止海洋生态环境恶化的措施之一。20 世纪 70 年代初，美国率先建立了国家级海洋自然保护区。迄今为止，全球自然保护区已经超过 10 万个。但海洋生态保护仍然是全球自然保护的薄弱环节，只有大约 4%的海洋被列为保护区。

海洋自然保护区既能较完整地为人类保护一部分海洋生态系统的“天然本底”，成为天然“自然博物馆”，又能减少或消除人为的不利影响，改善海洋环境，维持海域生态平衡，促进再生资源繁殖、恢复与发展，为物种提供栖息、生存和保持进化过程的良好条件，有效保护海洋生物的多样性，尤其保护珍稀濒危物种，保护不可再生资源的利用价值，从而达到海洋资源为人类永续利用的目的。建立海洋自然保护区是保护海洋自然环境、自然资源及生物多样性最经济最有效的措施，是社会经济可持续发展的要求，也正日益受到各方面的关注。在我国这样一个人口众多的国家，又处于经济迅速发展、资源开发规模越来越大的时期，建设和管理好一批海洋自然保护区就显得更为重要和迫切。

海洋自然保护区是一个特殊的保护区域。世界上已经建成的海洋生物保护区有河口型(Estuaries)、珊瑚礁型(Coral reefs)、海洋型(Marine)、岛礁型(Islands)和海岸型(Littorals)五种类型[22]，保护的对象各不相同。但有一点是一样的，就是它们都是由陆地和海域两部分组成。但海洋与陆地生态系统有较明显的区别[16]。

（1）海洋生态系统相对开放，内陆生态系统有更多不连续的界线。因此，海洋生态系统中有机体在不同的生命阶段，其迁移与分布更具有海洋生态系统的特点。另外，海陆生物还存在栖息地空间尺度以及水陆生活方式上的差异。

（2）海洋生态系统比陆地生态系统更易受到自然和人类的干扰。与陆地生态系统相比，海洋生态系统的生态环境更为复杂，动态变化更加强烈，与区外系统的物质能量交换更加频繁。它除了受生态系统内的各种生态因子及其相互作用影响，还受到海风、海浪和海流等外界自然因素和海上石油污染和陆源污染等人为因素的影响，有的影响甚至是决定性的。

（3）栖息地对陆地生物和海洋生物的影响不同。在陆地上，珍稀或濒危物种的生存特别依赖于栖息地，在设计保护区时也要考虑栖息地的关键性作用。而人类显然对海洋生物栖息地的影响较少，因为人们不会生活在海洋，因此较少意识到海洋栖息地的变化。海洋栖息地（除了海滨湿地和河口沼泽湿地）的减少很少被引证，海洋生物数量的减少和灭绝更多的是因过度开发利用海洋资源引起的。长期以来，保护海洋濒危物种的栖息地理论一直多用于对海洋哺乳动物、海龟和海鸟等的保护，只是偶尔运用于地方性的鱼类和无脊椎动物的保护。然而沿海湿地的急剧减少以及近年来报道较多的海床拖网作业的影响，加上其他的压力，已经使人们对一些因栖息地丧失的海洋濒危物种日益关注，更重要的是由栖息地引起的物种数量灭绝使得基因多样性减少。因此，在选择保护区时，几种应用在陆地保护区的理论对海洋自然保护区同样重要。

（4）在陆地上，需要建立廊道连接几个保护区，给予物种一个物理通道。在海洋里，水就是廊道。自然保护区的设计要建立在理解洋流与循环模式或其他海洋地质特征的基础上，才能便于生物个体在保护区内传播。当一个海洋物种的分布范围很大，且种群密度又相对较低的时候，建立一个足够大的保护区来保护这些物种可能是不太现实的。

（5）海陆生态系统的另一个不同之处在于，很多海洋食物靠捕鱼获得，而不是像农作物一样耕种得到的。野生的鱼群是世界上海洋食物的主要来源，而立足于土壤的农业是陆地食物的主要来源。因此，要为人类不断提供海洋食物，还得依赖于在不久的未来实现可持续渔业发展，使海洋养殖业成为海洋食物的主要来源。

（6）海洋自然保护区数据获取困难，管理比较困难。一方面地理空间基础数据缺乏和更新手段有限；另一方面由于受调查条件的限制，对自然保护区海域的常规调查还不够充分。海洋自然保护区一般在偏僻的河口、海岸或外海，大都远离城市甚至远离大陆，交通不便。加上海上环境恶劣，气象复杂多变，对各种数据的获取以及管理造成一定的阻碍。

(7)以社会生态学的观点来看，由于历史观点，或是权属问题以及指导人们行为的法律和条例，人们对海洋和陆地区域的使用观点也不同。陆地上的权属比较清楚，人们往往会因个人利益好好保护陆地。沿海水域通常被看作是公共财产的一部分，人们对海洋的保护意识相对要弱。现在许多国家建立海床及其覆盖水体的权属体系，并授予某些团体对一定海洋资源的优先权，以此促进海洋环境的保护。

3. 我国的海洋自然保护区

我国主张管辖的海域面积约 3×10^6 km^2，相当于陆地面积的近 1/3，纵跨 3 个温度带(暖温带、亚热带和热带)，具有海岸滩涂、河口、湿地、海岛、红树林、珊瑚礁、上升流及大洋等各种生态系统[3]。中国海洋生物物种、生态类型和群落结构表现为丰富的多样性特性。我国海洋自然保护区的保护对象主要有五种[40]。

(1)“原始”海洋区域。指受人类活动影响较小，或者基本没有受到干扰的“原始”海洋环境和资源、区域，包括那些尚未被开发的滩涂、沼泽湿地等海岸地段及无人居住而又具有独特风貌的海岛等。它们可以为海洋研究提供“天然本底”。

(2)珍稀、濒危海洋物种。海洋中珍贵、稀有、濒危或易危的物种，如鲍、石斑鱼、红珊瑚以及一些遗存下来的古老物种，如文昌鱼、海豆芽等。

(3)典型海洋生态系统。红树林、珊瑚礁、河口、海湾、沼泽湿地等海洋生态系统具有很高的生态价值和经济价值，为多种海洋生物提供栖息地，拥有丰富的遗传资源和很高的生产力，红树林和珊瑚礁还在保护海岸、净化环境等方面发挥着重要作用。但这些生态系统又是相对脆弱的，必须进行保护。

(4)有代表性的海洋自然景观和自然历史遗迹。大自然的鬼斧神工塑造了千姿百态的海岸地貌和沉积单元，人类活动更留下了灿烂的历史遗迹。对其中有代表性的具有观赏或研究价值的景观、剖面、遗迹、遗物等开展保护，也是海洋自然保护区的主要任务之一。

(5)综合、整体的海洋区域。比如南沙群岛、舟山群岛中的某些岛屿及周围海域，其中的保护对象并不是单一的，而是整个生态环境。

建立海洋自然保护区是保护海洋环境和海洋资源的最经济有效的措施。在我国这样一个人口众多、海洋环境压力越来越大的国家，建设和管理好一批海洋自然保护区尤为重要。加强海洋自然保护区建设是保护海洋生物多样性和防止海洋生态环境全面恶化的有效途径之一。海洋和海岸自然保护区通过控制干扰和物理破坏活动，有助于维持生态系统的生产力，保护重要的生态过程。

自 20 世纪 80 年代开始，我国已经陆续建设国家级海洋自然保护区 19 个

(表 6-1)，地方级海洋自然保护区 52 个。

表 6-1 国家级海洋自然保护区一览

保护区名称	所在地区	面积/km^2	主要保护对象
蛇岛-老铁山自然保护区	辽宁旅顺口	17 000	蝮蛇、候鸟及其生态环境
双台河口水禽自然保护区	辽宁盘锦市	80 000	丹顶鹤、白鹤、天鹅等珍禽
鸭绿江口滨海湿地自然保护区	辽宁东港市	112 180	沿海滩涂、湿地生态环境及水禽、候鸟
昌黎黄金海岸自然保护区	河北昌黎县	30 000	自然景观及其邻近海域
天津古海岸与湿地自然保护区	天津市	21 180	贝壳堤、牡蛎滩古海岸遗迹及湿地生态系统
盐城珍禽自然保护区	江苏盐城市	453 000	丹顶鹤等珍禽及滩涂湿地
南麂列岛海洋自然保护区	浙江平阳县	20 106	岛屿及海域生态系统、贝藻类
深沪湾海底古森林遗迹自然保护区	福建晋江市	3 400	海底古森林、牡蛎礁遗迹
惠东港口海龟自然保护区	广东惠东县	800	海龟及其产卵繁殖地
内伶仃岛-福田自然保护区	广东深圳市	858	猕猴、鸟类和红树林
广东湛江红树林自然保护区	广东廉江市	11 927	红树林生态环境
山口红树林生态自然保护区	广西合浦县	8 000	红树林生态环境
北仑河口红树林自然保护区	广西防城港市	2 680	红树林生态环境
合浦儒艮自然保护区	广西合浦县	86 400	儒艮、海龟、海豚、红树林等
东寨港红树林保护区	海南琼山区	3 337	红树林及其生态环境
大洲岛海洋生态自然保护区	海南万宁市	7 000	岛屿及海洋生态系统、金丝燕及生态环境
三亚珊瑚礁自然保护区	海南三亚市	8 500	珊瑚礁及其生态系统
黄河三角洲	山东东营市	153 000	原生性湿地生态系统及珍禽
厦门海洋珍稀生物自然保护区	福建厦门市	6 300	文昌鱼及生态系统

6.3 海洋生态环境保护的原则及误区

1. 海洋生态环境保护的原则[40,41]

(1)保持和提高海洋资源的生产能力以及生态功能。从持续利用视角来看，海洋资源利用所获得的财富和利益是不断增加的，至少能维持现有水平。不应采取掠夺式的经营导致海洋生产性能下降，造成海洋生态功能的退化。在海洋资源的开发过程中，有许多因素是不确定的，一些海洋开发利用的效应在当时是难以预料的，为此必须进行开发的后效应分析，建立降低生态风险的海洋资源利用模式。

(2)保护海洋资源的数量和质量。海洋资源的持续利用包含量与质两方面：一是海洋渔业可持续发展必须要有一定数量的渔业用海作保障，如果渔业用海数量大幅度下降，会影响食物安全保障；二是海水质量不恶化(包括酸化、富营养化和海洋污染等各种形式的恶化)，没有质量保证的海洋资源也不能满足经济增长、环境保护和社会进步的协同发展。

(3)海洋利用在经济上必须合理可行。人们开发利用海洋的活动受制于市场经济规律，其目的在于获得经济利益，因此海洋利用应能促进社会经济发展。

(4)海洋景观与生物多样性得以保持。景观是反映过去海洋利用实践的人类历史和遗迹的证据，蕴藏着人类的重要信息和文化传统。它可以作为海洋资源持续利用管理的活样板。生物多样性是指从种群到景观尺度上的生物和生态系统的多样化。动物、植物和其他生物有机体的数量和种类反映生物的多样性。如果没有生态系统的多样性，物种的多样性就不可能维持。

2. 海洋生态环境保护的误区

海洋生态环境保护的误区有以下三点[40,42]。

(1)“海洋资源无限丰富”的误区。在用海理念上，对海洋资源，包括生态资源、生物资源、岸线资源、滩涂资源等仍以索取为主，粗放型和掠夺性开发海洋的现象仍然存在。同时，过分追求经济效益，对区域生态环境价值等相对淡漠。

(2)“海洋污染来自陆源”的误区。近海海域主要污染物 80%以上来自外源和陆源排污，据 2014 年国家海洋局发布的第 21 期海洋环境信息，在所监测的 156 个陆源入海排污口中，有 78 个入海排污口向邻近海域超标排放污水，超标排污口占到监测总数的一半。同时，也需高度重视海洋经济开发活动，特别是围涂造地、河口造田、炸岛采石、海底挖砂、海洋倾废排污、违法捕捞，以及码头泊位、船舶修造、跨海桥梁等海洋工程建设对海洋生态环境的影响；高度重视海水养殖对局部海域生态环境的污染。

(3)“海洋生态环境可建设”的误区，忽视修复艰巨性乃至不可修复性。长期以来，我国在有关生态环境保护的理念、政策导向上坚持“谁污染、谁治理”，但它隐含了三个不可靠的前提：一是污染行为责任人可以追究，但实际上很多污染行为责任人难以明确；二是污染行为责任人可以承担治污责任，但实际上相当多的污染后果只能由社会承担；三是污染可以治理，但实际上许多污染无技术或无能力治理，多需巨大的经济、时间和生态等成本，尤其重金属污染在现有技术水平下更难以治理。

因此，更合理的生态环境保护理念和政策应为“防治兼顾、以防为主”。对海洋生态环境保护来说，一方面，由于海洋综合治理情况的复杂性，有效治理的技术手段尚未成熟、丰富，以及所需投入的资金和时间成本巨大，避免走“先污染后治理”的老路，“以防为主”更显必需；另一方面，由于海洋环境污染的流动性和海洋生态改善的共享性，凸显跨区域联合行动的必要性。

6.4 海洋湿地资源

1. 湿地的概念

“湿地”(wet land)概念最早是1956年美国联邦政府开展湿地清查时开始使用的。湿地广泛分布于世界各地，拥有众多野生动植物资源，是重要的生态系统。很多珍稀水禽的繁殖和迁徙离不开湿地，因此湿地被称为“鸟类的乐园”。湿地有强大的生态净化作用，因而又被称为“地球之肾”。湿地也是陆生生态系统和水生生态系统之间的过渡性地带，许多水生植物生长在土壤浸泡的特定湿地环境中。这些能够适应独特水土环境的水生植物也常是区分湿地与其他地形、水体的特征植被。

1971年2月，苏联、加拿大、澳大利亚等18个国家在伊朗小镇拉姆萨尔签署了《关于特别是作为水禽栖息地的国际重要湿地公约》(以下简称《湿地公约》)，我国于1992年7月加入该公约。《湿地公约》把湿地定义为：湿地是天然或人工的、长久性或暂时性的沼泽地、泥炭地和水域地带，带有静止或流动、淡水或咸水的水体，包括低潮时水深不超过6 m的海域区(见图6-2)。

2. 湿地的类型

一般来说，湿地可分为五大类型：沼泽湿地、近海及海岸湿地(见图6-3)、河流湿地、湖泊湿地、库塘。其中，近海及海岸湿地包括五种类型。①红树林沼泽：分布在潮间带，以红树植物为主；②海草湿地：位于海洋低潮线以下，生长海草植被，植被覆盖大于30%；③潮间盐沼：由盐生植物为主，常见碱蓬茅草等，植被覆盖大于30%；④潮间淤泥质海滩：植被覆盖小于30%，底质以淤泥为主；⑤三角洲湿地：河口区由沙岛、沙洲、沙嘴等发育而成的低冲积平原。《湿地公约》中对湿地的分类情况见表6-2。

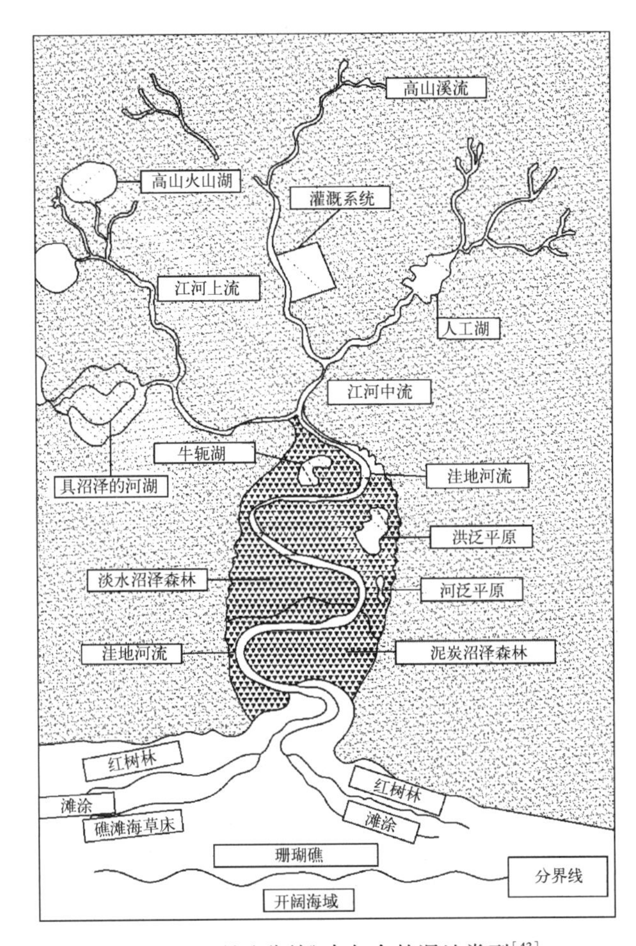

图 6-2 《湿地公约》中包含的湿地类型[43]

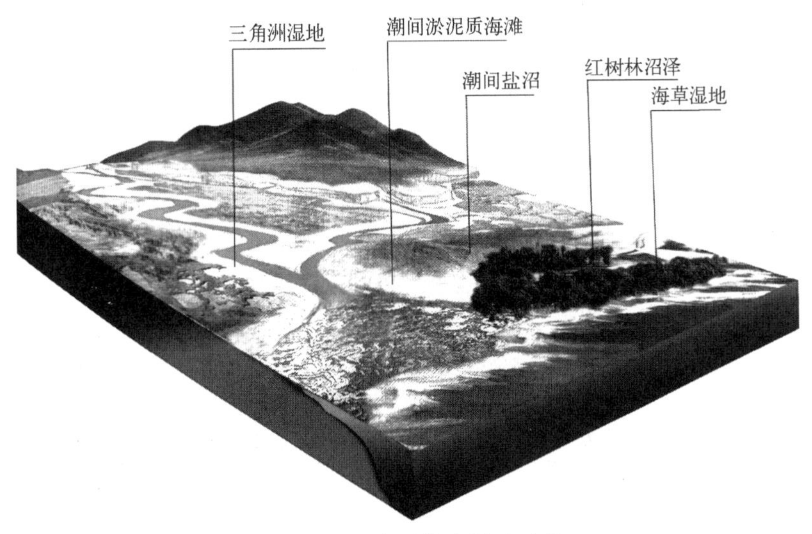

图 6-3 近海及海岸湿地示意

表 6-2 《湿地公约》中湿地分类

1级	2级	3级	4级
咸水湿地	浅海	潮下带	低潮时水深不足 6 m 的永久性无植物生长的浅水海域，包括海峡和海湾潮下带；水生植被层，包括各种海草和热带海洋草甸珊瑚礁
		潮间带	多岩石的海滩，包括礁崖和岩滩；碎石海滩；无植被的泥沙和盐碱滩；有植被的沉积滩，包括红树林
	河口湿地	潮下带	永久性的水域和三角洲系统
		潮间带	具有稀疏植被的泥、沙土和盐碱滩
		潟湖	沼泽：盐碱、潮汐半盐水和淡水沼泽 森林沼泽：红树林、聂帕(Nipa)棕榈林和潮汐淡水沼泽林 半咸水至咸水湖，由一个或者数个狭窄水道与海相通
		盐湖	永久性或季节性盐水、咸水湖、泥潭和沼泽林
淡水湿地	河流湿地	永久性的	河流、溪流、瀑布和三角洲
		暂时性的	河流、溪流和洪泛平原湖
	湖泊湿地	永久性的	8 hm^2以上的淡水湖和池塘及间歇性淹没的湖滨
		季节性的	淡水湖(8 hm^2以下)和洪泛平原湖
	沼泽湿地	无林湿地	永久性无机土壤沼泽：其水植物的基部在生长季节大部分时间浸没在水中 永久性泥炭沼泽：包括纸莎草和香蒲占优势的热带山地峡谷 季节性无机土壤沼泽：包括泥沼、贫养泥炭地、沼穴、洪泛草地和苔草地 泥炭地：包括灌木、苔藓和富养泥炭地 高山和极地湿地：包括融水浸湿的季节性洪泛草甸 绿洲和周围有植物的淡水泉 地热湿地
		木本湿地	疏林/灌木沼泽：无机土壤上以灌木为主的沼泽 淡水沼泽林：季节性无机土壤洪泛林地 有林泥炭地：泥滩森林沼泽
人工湿地	淡水/海水养殖地		池塘
	农用湿地		水塘、蓄水池和小型水池；稻田、水沟/渠；季节性洪泛耕地
	盐田		盐池和蒸发池
	城市和工业湿地		废水处理区：沉淀池、氧化塘、处理场；开采区：采石坑、采矿池和取土坑
	蓄水区		水库，具有缓慢的季节性水位变化；水电坝，具有周/月度的水位变化

3. 湿地的作用

湿地与森林、海洋并称为地球三大生态系统，在抵御洪水、降解污染等方面有着其他生态系统不可代替的作用和生态功能。湿地的功能与作用还包括以下几方面[43]。

(1)湿地具有强大的沉积和净化作用。流水进入湿地后，各种物质随水流缓慢而沉积，成为湿地植物的养料，其中的有毒物质被迅速分解。

(2)湿地中含有大量的水，在水的生态循环中具有重要作用。

(3)湿地物种十分丰富，是动植物的重要栖息地，对维持生物多样性有重要地位。

(4)湿地能防止海水入侵，保护海岸，防止侵蚀。湿地上游的沼泽、河流、小溪等向下游流出的淡水限制了海水的回灌，处于缓冲地带的滩涂植被有效地阻止了海水的入侵；湿地中生长着多种多样的植物，这些湿地植被可以抵御海浪和风暴的冲击，防止海浪对海岸的侵蚀，同时它们的根系可以固定海岸和堤岸。

(5)湿地丰富的物产资源具有很高的价值：动植物资源、水资源、工业及食用盐等。

(6)影响小气候。一方面，湿地的水分蒸发和植被叶面的水分蒸腾可保持滨海平原的空气湿度和降水量；另一方面，绿色植物的水分被蒸发和转移，返回大气中，然后又以水的形式降到周围地区。此外，沼泽产生的晨雾可调节空气的干湿度和减少土壤水分的流失。

(7)重要的“碳汇”。湿地由于其特殊的生态特性，在碱蓬等植物生长、促淤造陆的生态过程中积累了大量的无机碳和有机碳，由于湿地环境中的微生物活动弱，土壤吸收和释放二氧化碳十分缓慢，形成了富有机质的湿地土壤和泥炭层，起到了固碳的作用。

4. 湿地分布

全世界湿地约有 $5.7\times10^6 km^2$[42]，约占陆地总面积的 6%。湿地在世界上的分布北半球多于南半球。加拿大天然湿地面积居世界之首，约为 1.27×10^6 km^2，占世界湿地总面积的 22%，其次是美国，天然湿地约有 1.11×10^6 km^2；再次是俄罗斯、中国和印度。我国天然湿地面积约为 3.62×10^5 km^2(见表 6-3)，我国湿地的类型及面积见图 6-4 所示，其中近海及海岸湿地 6×10^4 km^2。我国近海及海岸湿地以杭州湾为界，分为两部分，具有不同的特征(见表 6-4)。

表 6-3　我国湿地面积分布(不含港澳台)

湿地面积(km^2)	省(区、市)
<5 000	北京、天津、上海、山西、海南、重庆、贵州、陕西、宁夏
5 000~10 000	吉林、河北、福建、江西、河南、广西、云南
10 000~20 000	辽宁、浙江、安徽、山东、湖北、湖南、广东、四川、甘肃
>20 000	黑龙江、内蒙古、江苏、西藏、青海、新疆

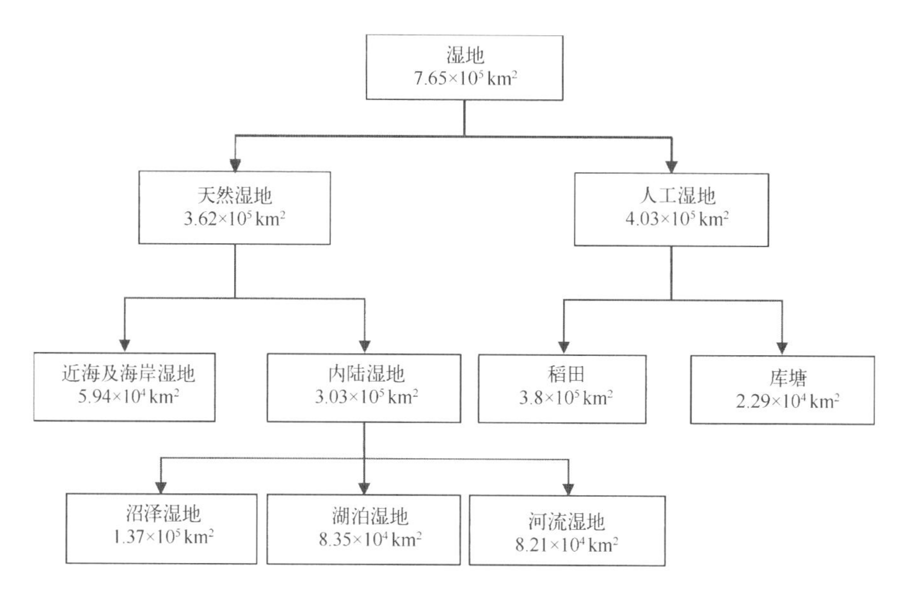

图 6-4　我国湿地类型及面积[38,43]

表 6-4　我国各省(区)主要海岸湿地类型分布

省(区)	湿地类型
辽宁省	海岸沼泽、岩石性海岸、砂质海岸、粉砂淤泥质海岸、三角湾湿地
河北省	海岸沼泽、砂质海岸、粉砂淤泥质海岸、三角湾湿地
山东省	海岸沼泽、岩石性海岸、砂质海岸、粉砂淤泥质海岸、海岸潟湖、海岸湿地、三角湾湿地
江苏省	海岸沼泽、砂质海岸、粉砂淤泥质海岸、三角湾湿地
浙江省	岩石性海岸、粉砂淤泥质海岸、海岸湿地
福建省	岩石性海岸、砂质海岸、海岸湿地、红树林沼泽
广东省	海岸沼泽、岩石性海岸、砂质海岸、海岸潟湖、海岸湿地、三角湾湿地、红树林沼泽

续表

省(区)	湿地类型
广西壮族自治区	砂质海岸、海岸湿地、红树林沼泽
海南省	岩石性海岸、砂质海岸、海岸潟湖、红树林沼泽、珊瑚礁
台湾省	岩石性海岸、砂质海岸、海岸潟湖、海岸湿地、红树林沼泽

杭州湾以北的近海与海岸湿地：除山东半岛、辽东半岛的部分地区为岩石性海滩外，多为砂质和淤泥质海滩，由环渤海滨海和江苏滨海湿地组成。这里植物生长茂盛，潮间带无脊椎动物特别丰富，浅水区域鱼类较多，为鸟类提供了丰富的食物来源和良好的栖息场所，许多地区成为大量珍禽的栖息地，如辽河三角洲、黄河三角洲、江苏盐城等。

杭州湾以南的近海与海岸湿地：以岩石性海滩为主。其主要河口及海湾有钱塘江-杭州湾、晋江口-泉州湾、珠江口和北部湾等。在海南至福建北部沿海滩涂及台湾西海岸的海湾、河口的淤泥质海滩上都有天然红树林分布。

6.5　海洋湿地资源的退化与保护修复

1. 我国滨海湿地资源开发利用现状

我国湿地土壤水源丰富，自然肥力水平较高，所处地形部位低平，具有开发利用的多宜性，因而成为人们长期以来优先开发利用的对象，如垦为农耕地，改造为牧草地、林业和渔业用地，利用有机土发展泥炭工业等。然而，过度的开发利用和耕作管理不当使我国湿地土壤资源面临质量退化、生态环境功能削弱和生物多样性降低等一系列严重问题，各种湿地资源处于严重威胁之中。现今我国湿地面临的主要问题包括以下几方面[32,38,43]。

(1)湿地面积减少、功能衰退。由于人口的快速增长和经济的发展，湿地被开垦为农田或做其他用途，围埂造田、兴建码头，湿地植被遭到破坏，生态功能衰退，鱼类等水生生物丧失了栖息生存的空间与繁衍的场所，湿地自身的生态功能也在不断衰退。

(2)生物多样性受损。对湿地的不合理开发利用导致湿地日益减少，功能和效益下降；捕获、狩猎、砍伐、采挖等过量获取湿地生物资源，造成了湿地生物多样性逐渐丧失，其生态功能也严重受损。例如：鱼类种类日趋单一，种群结构低龄化、小型化；白鳍豚、中华鲟、达氏鲟、白鲟、江豚已成为濒危物种，长江鲟鱼、鲫鱼、银鱼等经济鱼类种群数量已变得十分稀少；湿地水禽由于过度猎捕等导致种群数量大幅度下降，严重破坏了水禽资源。

(3)污染加剧、环境恶化。湿地被肆意侵占，并常成为沿江(沿海)建筑垃圾、工业废水、生活污水的排泄区和承泄地，导致湿地水体污染，生态系统富营养化现象严重，危及湿地生物的生存环境。

2. 我国滨海湿地的退化及主要原因

滨海湿地是一个复杂的生态系统，是集丰富的物质资源与脆弱的环境资源于一体的综合体系，在国家经济建设与国际资源环境保护中占据着重要的地位。滨海湿地的退化是在人为活动与自然过程共同作用下发生的。自然过程是其基础，人类活动不断加速加重滨海湿地的退化。

中国滨海湿地退化的主要原因包括气候变化、海洋灾害等自然过程，也包括海岸带围垦、海岸工程建筑、资源过度利用、环境污染等人为作用为主的因素。

(1)气候变化。从长远的观点来看，全球变暖将显著影响各种湿地的分布与演化，且影响具有全局性和深远性，可能从根本上改变滨海湿地的结构和功能。气候变暖导致的降水量的区域变化，会引起河流水量及携沙量的变化，对滨海湿地的稳定和生态功能的发挥产生重大影响。黄河断流就是一个典型的实例。20 世纪 70 年代之后，黄河入海量减少直至断流，对黄河三角洲滨海湿地的影响是非常深远的。不仅黄河由于气候变暖出现径流减少的状况，中国其他河流也有此现象发生。全球变暖会引起海平面上升，导致滨海湿地向陆迁移退缩，但很多地区的沿岸堤坝等海防设施会限制这种趋势，部分滨海湿地将因此而消失。海平面上升，增加了海洋灾害发生的概率和强度，对滨海湿地造成直接的威胁。全球变暖可能改变海洋生态结构，对滨海湿地生物(特别是鸟类)的栖息地必将产生影响。

(2)海洋灾害。海洋灾害包括海岸侵蚀、风暴潮、台风、海水入侵、赤潮等。海洋灾害是导致滨海湿地退化的重要原因。海岸侵蚀是当今全球海岸普遍存在的地质灾害现象。据统计，我国 70%的砂质海滩和大部分开阔水域的泥质潮滩和珊瑚礁海岸受到侵蚀，侵蚀岸线长度约占全国大陆岸线总长度的 1/3。海岸侵蚀使岸线后退，滩面下蚀，直接导致滨海湿地面积的下降。海岸侵蚀导致滨海湿地基底物质流失，沉积结构发生变化，营养状况改变，原有湿地生物赖以生存的环境被破坏，生态系统组成、结构、生物量都会受到严重损害。海岸侵蚀使海水活动范围扩大，潮水作用频率和强度增大，陆生生物直接受到影响，滨海湿地植被出现逆向演替，或迅速死亡消失。有人工海堤防护的海岸，堤外湿地植被无后退的新生空间，导致堤外植被全部被海水淹没，湿地严重退化[42]。

（3）海岸带围垦。海岸带围垦是造成滨海湿地损失退化的重要人为因素。伴随着沿海经济的持续快速发展，滩涂的围垦或填海似乎就成了唯一的解决途径。特别是大规模的沿海经济区、开发区、工业区等建设，使得滩涂围垦和填海的规模更大，速度更快，其对滨海湿地的影响是巨大的，但具体的影响却未被确切评估。海岸带的围垦和围海活动将会是一个持续不断的过程，其对滨海湿地的影响也会持续。

（4）海岸工程建筑。海岸工程建筑包括港口码头建设设施、海堤修筑、跨海通道工程等，还包括城市扩展导致的滨海湿地侵占。海岸工程建筑影响湿地生态结构、地貌特征、生物群落组成、水文动态变化、沉积物性状等各个方面。例如，兴建防潮堤，阻挡了输入潮间带湿地的地表水流和陆地营养物质，改变了潮间带海洋水动力条件。高潮时潮间带水深增大，加剧了潮间带的冲刷下蚀，使潮间带由半咸水环境转变为咸水环境，陆域湿地逐渐消失，水生生物资源大量死亡，生物多样性和物种丰富度下降，影响了湿地功能的正常发挥。

（5）资源过度利用。在中国重要的经济海域，滥捕现象十分严重。由于大规模的开发和垦殖，无论是北方的芦苇湿地，还是南方的红树林湿地、珊瑚礁湿地，都遭受严重破坏而大量损毁，有些区域甚至完全消失。沿海及周边地区经济的高速发展，刺激了海沙等基建材料的需求，浅海挖沙现象比较普遍。滨海矿产资源，包括油气资源的开采，对滨海湿地环境的破坏和潜在威胁都始终存在。

（6）环境污染。滨海湿地是陆源污染的承泄区和转移区，这使得原有的生存环境渐渐消失，生物栖息地被破坏，与原有环境相适应的生物群落因此而退化以至绝灭，生态系统遭到破坏。严重的环境污染可以导致生态系统生产力严重下降，甚至使滨海湿地成为生态荒漠。大量污染物的聚集，也可能诱发环境灾难。如大量营养盐类污染物输入湿地会导致富营养化的发生，在沿岸可能诱发赤潮等。污染对滨海湿地生产力的影响还直接表现在对渔业资源的损害。

3. 湿地修复与重建

中国先后于 1995—2003 年和 2009—2013 年进行了国家范围内的两次湿地资源调查，掌握了湿地类型、面积、空间分布、湿地受威胁状况等方面的信息，最新的调查显示自然湿地面积减少了 $3.38\times10^4 km^2$[44]。

湿地修复与重建的概念是通过保护使受损湿地生态系统自然恢复的过程，可以通过生态技术或生态工程对退化或消失的湿地进行修复或重建，再现干扰前的结构和功能以及相关的物理、化学和生物学过程，使其重现应有的作用。相关措施包括[14,42]：

①提高地下水位养护沼泽，改善水禽栖息地；②增加湖泊的深度和广度以扩大湖容，增加鱼的产量，增强调蓄功能；③迁移湖泊、河流中的富营养沉积物以及有毒物质，以净化水质；④恢复洪泛平原的结构和功能，以利于蓄纳洪水，提供野生动植物的栖息地；⑤建立湿地保护区(表6-5)，保护与利用兼顾，用地与养地相结合，最终实现既能充分发挥湿地的生态环境功能，又能保护生物多样性，维持较高生产力水平的可持续发展目标。自1992年中国加入《湿地公约》以来，截至2019年年底共有57个国际重要湿地，总面积达6.95×10^4 km^2，其中近海与海岸湿地有15个。

表6-5　中国国际重要湿地分布

时间	批次	湿地名称
1992年	第一批(7个)	黑龙江扎龙国家级自然保护区、吉林向海国家级自然保护区、江西鄱阳湖国家级自然保护区、海南东寨港国家级自然保护区、青海湖国家级自然保护区、湖南东洞庭湖国家级自然保护区、香港米埔—后海湾湿地
2001年	第二批(14个)	黑龙江三江国家级自然保护区、黑龙江兴凯湖国家级自然保护区、黑龙江洪河国家级自然保护区、内蒙古达赉湖国家级自然保护区、内蒙古鄂尔多斯遗鸥国家级自然保护区、大连斑海豹国家级自然保护区、江苏盐城国家级珍禽自然保护区、江苏大丰麋鹿国家级自然保护区、上海市崇明东滩鸟类自然保护区、湖南汉寿西洞庭湖省级自然保护区、湖南南洞庭湖省级自然保护区、广西山口红树林国家级自然保护区、广东惠东港口海龟国家级自然保护区、广东湛江红树林国家级自然保护区
2005年	第三批(9个)	辽宁双台河口湿地、云南大山包湿地、云南碧塔海湿地、云南纳帕海湿地、云南拉什海湿地、青海鄂陵湖湿地、青海扎陵湖湿地、西藏麦地卡湿地、西藏玛旁雍错湿地
2008—2009年	第四批(7个)	福建漳江口红树林国家级自然保护区、广西北仑河口国家级自然保护区、广东海丰公平大湖省级自然保护区、湖北洪湖省级湿地自然保护区、上海市长江口中华鲟湿地自然保护区、四川若尔盖湿地国家级自然保护区、浙江杭州西溪国家湿地公园
2011年	第五批(4个)	黑龙江省七星河国家级自然保护区、黑龙江南瓮河国家级自然保护区、黑龙江省珍宝岛国家级自然保护区、甘肃省尕海-则岔国家级自然保护区
2013年	第六批(5个)	湖北神农架大九湖湿地、武汉沉湖湿地自然保护区、吉林莫莫格国家级自然保护区、山东黄河三角洲湿地、黑龙江东方红湿地国家级自然保护区
2015年	第七批(3个)	安徽升金湖国家级自然保护区、张掖黑河湿地国家级自然保护区、广东南澎列岛海洋生态国家级自然保护区
2017年	第八批(8个)	内蒙古大兴安岭汗马国家级自然保护区、黑龙江友好国家级自然保护区、吉林哈泥国家级自然保护区、山东济宁市南四湖自然保护区、湖北网湖湿地自然保护区、四川长沙贡玛国家级自然保护区、西藏色林错国家级自然保护区、甘肃盐池湾国家级自然保护区

4. 湿地资源保护与管理的政策

随着湿地生态服务逐渐受到社会的高度重视和关注，我国分别于 2003 年和 2011 年进行了两次湿地资源调查，同时相继出台湿地保护、补偿的法律和政策，如《中华人民共和国环境保护法》《全国湿地保护工程实施规划》《中国湿地保护行动计划》《湿地保护管理规定》《国家湿地公园管理办法》《中央财政湿地保护补助资金管理暂行办法》和《关于切实做好退耕还湿和湿地生态效益补偿试点等工作的通知》。在此基础上，各省、自治区制定了《湿地保护条例》。2015 年 4 月 25 日，《中共中央国务院关于加快推进生态文明建设的意见》指出，健全生态保护补偿机制，具体包括科学界定生态保护者与受益者权利义务，加快形成生态损害者赔偿、受益者付费、保护者得到合理补偿的运行机制；结合深化财税体制改革，完善转移支付制度，归并和规范现有生态保护补偿渠道，加大对重点生态服务区的转移支付力度，逐步提高其基本公共服务水平；建立地区间横向生态保护补偿机制，引导生态受益地区与保护地区之间、流域上游与下游之间，通过资金补助、产业转移、人才培训、共建园区等方式实施补偿；建立独立公正的生态环境损害评估制度。因此，湿地生态补偿是国内外相关领域研究的重点和热点问题之一，其研究成果可以为湿地保护和管理政策的制度设计提供依据，进而探索人类与自然和谐相处的方式。

6.6　湿地资源保护国内案例剖析——江苏省滨海湿地

1. 概况

江苏省滨海湿地以滩涂湿地为其主要特点。江苏岸线长 954 km，北起苏鲁交界的绣针河口，南至长江北口。粉砂淤泥质海岸长 884 km，其中 666 km 海岸均为淤涨型岸段，尤以射阳南部和大丰、东台滩涂淤涨速度最快。全省平均每年淤涨面积 1.3 km^2以上。

据遥感影像统计所得，江苏沿海滩涂土地资源面积为 3 513.15 km^2。在江苏沿海东部，还发育着巨大的辐射沙脊群(见图 6-5)，南北长 200 km，东西宽 90 km，共有 70 多个沙洲，面积在 1 km^2 以上的沙洲就有 50 个，1997 年统计总面积约3 550 km^2，其中东沙和条子泥规模最大，分别为 389 km^2和 370 km^2，较之 1978 年卫星图片解译的东沙面积 663 km^2、条子泥面积 448 km^2的结果分别减少了

274 km²和 78 km²，年均减少约 15 km²和 4 km²，而之前两个沙洲的面积是增加的。这种增减趋势的转换时间应从 20 世纪 80 年代中期开始，射阳港—川东港低潮滩的淤蚀转换也是从此时开始[31]。

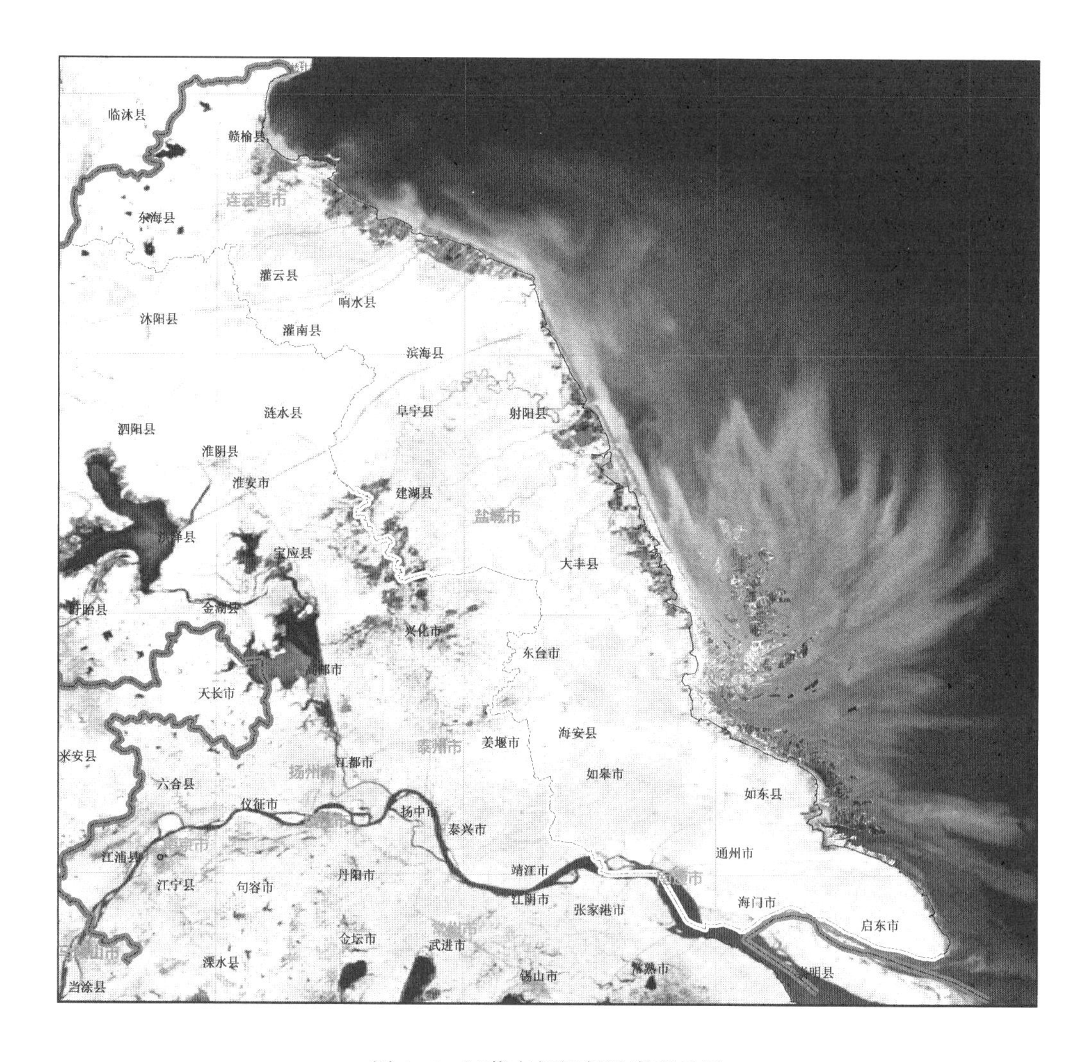

图 6-5　江苏东部辐射沙脊群地形

从江苏沿海滩涂围垦面积的时间变化来看，从 20 世纪 50 年代开始到现在，每年的围垦面积有明显的差异，并有一定的规律性。从总体上来看，江苏沿海滩涂年平均围垦面积有减少的趋势，而在每一个时期又呈现出 10 年间隔的升降交替特性，在 1950—1959 年期间的年平均围垦面积最大，平均每年围垦面积达 150.6 km²，1960—1969 年期间的年平均围垦面积猛降至 23.7 km²，1970—1979 年期间又升至年平均围垦面积 77.7 km²，1980—1989 年期间年平均围垦面积降至 38.3 km²，

1990—1999 年期间年平均围垦面积升至 49. 9 km^2，2000—2010 年期间的年平均围垦面积达 76. 9 km^2。

2. 湿地的组成

江苏滨海湿地主要由长江三角洲和废黄河三角洲的一部分构成，主要由盐城地区湿地、南通地区湿地和连云港地区湿地组成。各区域地理环境条件差异显著，湿地资源特征差异明显(表 6-6)。

表 6-6　江苏沿海三市湿地面积(km^2)比较

湿地类型		连云港	盐城	南通
天然湿地	光滩	128. 2	553. 9	608. 9
	河流	52. 8	126. 4	27. 2
	碱蓬盐沼	0. 1	23. 8	0. 1
	芦苇盐沼	21. 0	192. 0	3. 4
	米草盐沼	8. 9	203. 3	91. 6
天然湿地合计		211. 0	1 099. 4	731. 2
人工湿地	淡水养殖塘	172. 4	647. 6	191. 7
	海水养殖场	55. 0	67. 8	7. 8
	盐田	375. 0	192. 5	13. 1
人工湿地合计		602. 4	907. 9	212. 6
总计		813. 4	2 007. 3	943. 8

(1)连云港段滨海湿地。连云港海域南起与盐城交界的灌河口，北至苏鲁交界的绣针河口，西自陆域岸线，东至达山岛领海基线，岸线长 162 km，领海基线以内海域面积约 6 677 km^2，滩涂面积 1 067 km^2，其中潮上带面积 867 km^2，潮间带面积 2×10^4 hm^2，另有潮下带可开发浅海水域面积2 667 km^2。潮上带已开发面积 800 km^2，用于耕作 127 km^2，防护林 24 km^2，养殖 99 km^2，盐田 333 km^2，另有 40 km^2已围垦未开发，还有 20 km^2未围垦，潮间带及浅海水域已有113 km^2用于养殖藻类和贝类海产品[30]。

(2)盐城段滨海湿地。盐城海岸线长 587 km，射阳河口以北为侵蚀岸段，以南为淤涨岸段。盐城滨海湿地总面积约 4 500 km^2，约占江苏滨海湿地面积的 70%。作为中国最大的连续潮间带湿地生态系统，盐城段滨海湿地对近海水质的净化发挥了重要作用，对区域生态安全和生物多样性维持也具有极为重要的意义，是盐城国家级珍禽自然保护区和大丰麋鹿国家级自然保护区所在地。

作为淤泥质海滩，盐城滨海湿地的沉积过程相当活跃。据估计，由于淤涨，该区海岸线外移速度每年达到 100~200 m，并形成大量新增土地资源，可供适度的开发与利用。但大范围的围垦导致了生境丧失和破碎化；大米草和互花米草引种以后，到 2000 年前后面积已超过 120 km^2，进一步侵占了大量原生生态空间；区域产业的发展也带来一定程度的环境污染，总体上对区域生物多样性产生了一系列不利的影响。有关研究指出，丹顶鹤的越冬生境分布状况已由过去的连续分布变化为点状分布，黑嘴鸥的巢区数量持续下降，河麂种群的数量也大幅下降。

通过对盐城市域内 1992 年海堤与 2016 年低潮位之间区域的遥感影像研究得出结论，盐城滨海湿地发生了显著变化。主要变化特征表现为以芦苇、碱蓬群落为代表的自然湿地的大幅减少，农田、鱼塘等人为活动强度较高的土地利用方式显著增加，而米草群落的规模增长占据主导地位。盐城川东至梁垛河口段湿地植被类型主要有茅草、芦苇、碱蓬、米草四种。1992—2016 年植被总面积减少了 71.87 km^2，其中茅草消亡速度快，几乎消失殆尽；芦苇面积不断减少，现仅在川东港口部分生存；碱蓬面积持续缩减，消退速率趋缓；米草自 1992 年以来，凭其对滨海土壤的强适应性，迅速向海延伸且侵占原生植被生长空间，面积大幅增长。1992—2016 年的三个时期内，1992—2000 年植被缩减面积大、速率快，大面积的茅草碱蓬地被开发为耕地；2000—2009 年养殖塘规模剧增，米草、碱蓬、芦苇向养殖塘转化的面积分别为 15.36 km^2、4.06 km^2、0.62 km^2。2009—2016 年碱蓬和芦苇面积变化较小，主要是米草向外繁殖扩张的同时，大量转变为养殖塘。

(3)南通段滨海湿地。南通市海岸线长 206 km，海岸带面积 13 240 km^2，沿海滩涂面积 2 000 km^2，其中，潮上带面积 200 km^2，潮间带面积 1 800 km^2(含 0 m 以上辐射沙洲近 667 km^2)。沿海除东灶港至蒿枝港 30 km 的岸线为侵蚀型岸段外，其余 176 km 均是淤涨型的淤泥质海岸，平均每年以 25~30 m 的淤涨速度向外延伸[31]。

南通市滩涂围垦开发历史悠久，据文字史料记载，南通有近一半的土地是经过围垦开发滩涂形成的。中华人民共和国成立以来，围垦开发利用主要以种植、水产养殖、盐业、林业为主，兼顾城镇、港口、旅游开发等，已形成大规模粮棉生产基地、海淡水养殖基地和盐业生产基地。截至 2017 年，全市已开发利用面积占匡围面积的 96.8%。其中耕地占 52.8%，林地占 1.1%，城乡、工矿及居民用地占 39.2%，水体占 3.7%，未利用或利用水平很低的土地约占 3.2%。

3. 湿地内的自然保护区

公元 1128 年，黄河开始夺淮河水道入海。在此后的 700 多年中，黄河与长江联手，携大量泥沙注入南黄海，泥沙慢慢在浅海沉积，逐渐形成了大片的三角洲——江苏滨海湿地。在江苏滨海湿地有两个国家级自然保护区。

江苏大丰麋鹿国家级自然保护区：自然保护区总面积为780 km^2，有兽类 12 种、鸟类 315 种、两栖爬行类 27 种、鱼类 150 种、昆虫类 599 种，其中国家一级、二级重点保护的动物 31 种，被列入《中华人民共和国政府和日本国政府保护候鸟及其栖息环境协定》的鸟类 68 种。世界濒危物种、大型湿地动物麋鹿，由 1986 年引进的 39 头发展到 2008 年的 1 317 头，其中野生麋鹿种 118 头。江苏大丰麋鹿国家级自然保护区已成为世界最大的麋鹿自然保护区，拥有世界最大的野生麋鹿种群，建立了世界最大的麋鹿基因库[32,38]。

江苏盐城国家级珍禽自然保护区：又称“联合国教科文组织盐城生物圈保护区”，是中国第一个也是最大的海岸湿地保护区，还是国家一级保护动物丹顶鹤的最重要的越冬地。其核心区位于保护区中部，南以斗龙港出海河北岸为界，北以新洋港出海河南岸为界，东至海水 0 m 等深线，西以海堤堤角向东 2 km 为界，总面积为 138 km^2。通过对 1990—2015 年的遥感影像对比发现，核心区内互花米草盐沼由斑块状逐步扩展为带状分布，而且几乎占据了整个潮间带的中下部，其扩展是沿着与海岸线平行的方向进行的，并且呈现向海扩展的趋势。但其向海扩张生长的范围受到淹没水深、地形坡度等因素的影响。丹顶鹤最喜欢的生境是芦苇地、草滩及盐蒿滩，其面积在 10 年内均有所下降。因此保护区采取了开发人工湿地的办法。1992—2002 年，自然保护区核心区的人工湿地从无到有，其中芦苇田和水禽湖的面积分别达到了 14. 49 km^2 和 27. 36 km^2。开发人工湿地具有很好的经济和生态效益。互花米草盐沼扩展以及人工开发水禽湖及芦苇田，一方面起到了保护滩涂、为珍禽提供栖息地等生态功能；另一方面也对原生生态系统造成影响。

4. 江苏盐城国家级珍禽自然保护区

江苏盐城国家级珍禽自然保护区是我国最大的滨海湿地自然保护区(见表 6-7)，地处江苏中部沿海，位于北纬 32°20′—34°37′，东经 119°29′—121°16′，管辖范围为江苏省盐城市的东台、大丰、射阳、滨海和响水五个县(市、区)的沿海滩涂部分，分为核心区、缓冲区与试验区(见图 6-6)，保护区总面积 4 556 km^2，占江苏省滨海湿地面积的 59. 76%。盐城珍禽自然保护区、大丰麋鹿自然保护区等国家级保护区的建立，使得在人类活动日益加剧的今天，仍基本保持了天然湿地的生态结构和功能，成为中国乃至世界为数不多的典型原始滨海湿地。

表 6-7　江苏盐城国家级珍禽自然保护区滨海湿地各岸段自然条件概况

范围	特征	面积/km^2	动态	≥10℃积温/℃	降水量/mm	蒸发量/mm	平均生物量/(g/m^2)
响水、滨海	废黄河三角洲，盐业、水产	471	侵蚀	4 500	950~980	1 500~1 700	34.14
射阳	芦苇、水产养殖与珍禽保护	732	侵蚀、淤积	4 500~4 600	1 000	1 500	37.83
大丰、东台辐射沙洲	农业综合开发	2 090 1 270	淤积	4 600~4 700	1 000~1 100	1 400	23.30

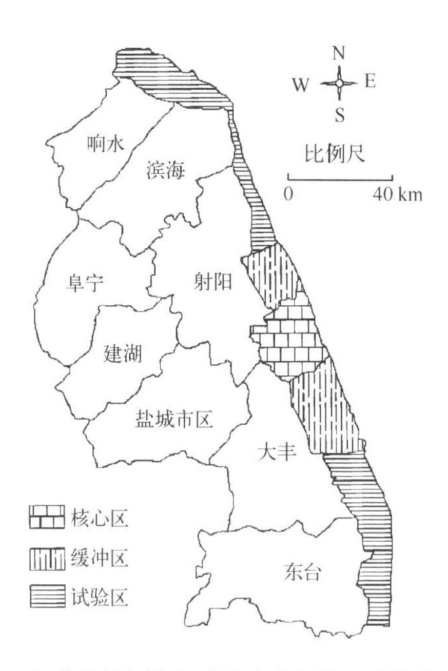

图 6-6　江苏盐城国家级珍禽自然保护区功能分区[32]

强烈的人类扰动贯穿滨海湿地发育的每一个阶段。江苏盐城珍禽国家级自然保护区以丹顶鹤保护为特色，但由于人口的急剧增长和土地资源的不足，湿地资源被低层次、掠夺性开发，一直面临着保护与开发的矛盾。尽管滩涂湿地仍在向海不断淤涨，但与人类围垦速度相比微不足道。保护区内潮间带50%以上的湿地已被围垦开发，在保护区的缓冲区和试验区也进行了多种类型的开发活动。适宜丹顶鹤栖息的湿地面积呈明显减少的趋势。加之大规模的滩涂开发使丹顶鹤有效生境大量破碎化等，造成栖息地迅速减少。1990 年，丹顶鹤栖息地面积为 430 km^2，而到了 1998 年，则减少至 180 km^2左右，在不到 10 年的时间内，栖息地面积丧失了将近 60%。由于保护区北部地区的开发强度较大，最近几年丹顶鹤的数量明显减少。滨海县已近 10 年没有丹顶鹤的稳定分布，响水县也只在盐田中有少量丹顶鹤栖息。

当滩涂湿地被开垦为农业用地后，农药和杀虫剂的使用给丹顶鹤带来了严重的威胁，丹顶鹤在麦田中误食有毒食物的事件时有发生。近几年，保护区每年都收治十余只误食农药引起中毒的丹顶鹤。随着滩涂湿地的进一步围垦和开发，湿地面积逐渐缩小，农田将作为主要的土地类型，农药和杀虫剂对丹顶鹤的威胁将长时期存在。

保护区滨海湿地的水质状况受近岸地区人类扰动影响显著。2000 年，盐城自然保护区内的射阳河、新洋河、斗龙河、灌溉总渠、灌河等河流入海河口附近水质处于地面水Ⅳ类。五个入海河口非离子氨超标率在 77.8%~100%之间，其中灌河和灌溉总渠入海口石油类超标率分别为 41.7%和 55.6%；射阳河和新洋港高锰酸盐指数超标率分别为 33.3%和 77.8%；石油类超标率分别为 44.4%和 66.7%；斗龙港定类项目石油类超标率为 66.7%[30,31]。

5. 滨海湿地生态系统的健康设计

对滨海湿地生态系统功能、结构等特征分析研究的目的在于使其结构和功能达到相对最佳操作点，维持或恢复健康、高效、持续的生态系统。健康的生态系统应表现出多功能性。滨海湿地生态系统健康不但表现在能够提供特殊功能的能力，而且具有维持自身有机组织的能力，即从各种不良的环境扰动中自行恢复。滨海湿地生态系统设计是应用生态工程的原理和方法对滨海湿地进行构建、恢复和调整，以利于滨海湿地正常功能的运作和生态系统服务的可持续性。江苏盐城珍禽国家级自然保护区滨海湿地健康设计的概念模型如图 6-7 所示。

进一步建设好射阳丹顶鹤自然保护区和大丰麋鹿自然保护区，以丹顶鹤、麋鹿等特殊物种的生物多样性保护为主要功能，在核心区内进行景观生态保护和支撑体系建设，营造水土保持植被，严格控制人类活动。对于人类干扰严重的地区(如鸟类集聚地、人类居住区、养殖区等)实施生态恢复和生态重建，增强保护滨海湿地生态系统的再生能力。建立永久监测点，完善生态监测工作，对保护的生态环境实行实时监控，并对其发展建设提供反馈信息，协调好自然保护和开发利用的关系，增强保护区滨海湿地生态系统的共生能力。引导周边社区积极参与滨海湿地的管理和可持续发展，提高社区居民的生态意识，增强保护区滨海湿地生态系统的自生能

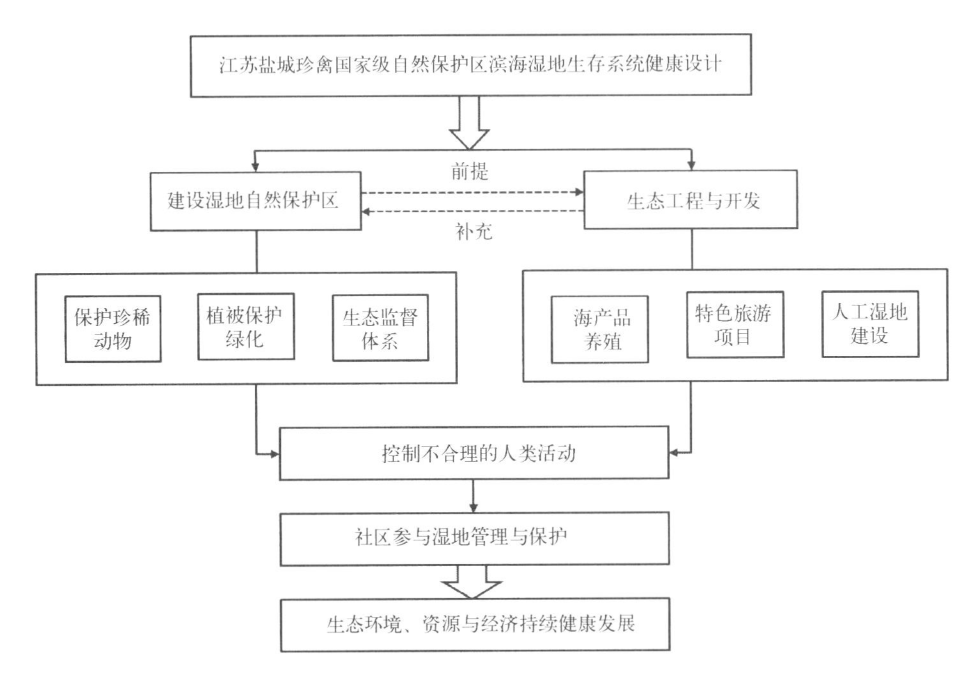

图 6-7　江苏盐城珍禽国家级自然保护区滨海湿地健康设计的概念模型[32]

力。在充分保护自然资源、自然环境及生物多样性的前提下，适度开发海洋牧场资源，适度开发以丹顶鹤、麋鹿观光为特色的生态旅游，在生态系统受损严重的地区建立一定面积的适于珍禽栖息活动的人工湿地。

中国第一个涉海自然保护区获准列入《世界自然遗产名录》

2019 年 7 月 5 日，在阿塞拜疆首都巴库召开的第 43 届世界遗产大会上，经联合国教科文组织世界遗产委员会审议通过，中国黄(渤)海候鸟栖息地(第一期)被批准列入《世界自然遗产名录》。截至 2018 年，全球共有 49 项海洋世界遗产，越南下龙湾，澳大利亚大堡礁，德国、荷兰和丹麦三国共有的瓦登海，厄瓜多尔的加拉帕戈斯群岛等都在此列。它是我国第一块、全球第二块潮间带湿地世界遗产，填补了我国滨海湿地类型世界自然遗产的空白。

黄(渤)海区域拥有世界上面积最大的连片泥沙滩涂，是亚洲最大、最重要的潮间带湿地所在地(图 6-8)，也是东亚—澳大利亚候鸟迁飞路线(EAAF)上水鸟的重要中转站。盐城拥有太平洋西岸和亚洲大陆边缘面积最大、生态保护最好的海岸型湿地，包含陆地生态系统、淡水生态系统、海岸带及海洋生态系统动植物群落演替，是具有普遍突出价值的生物学、生态学过程的典型代表。

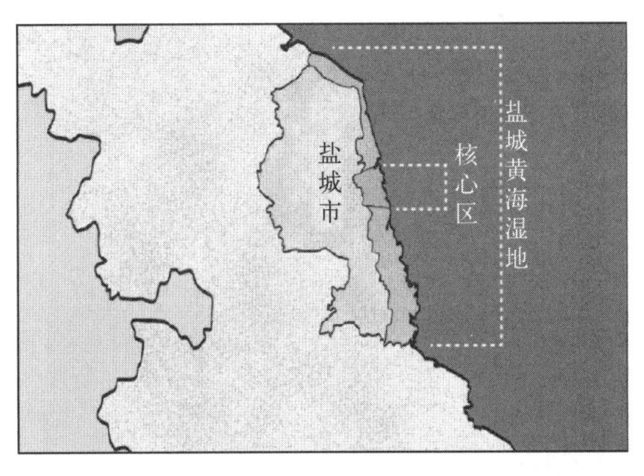

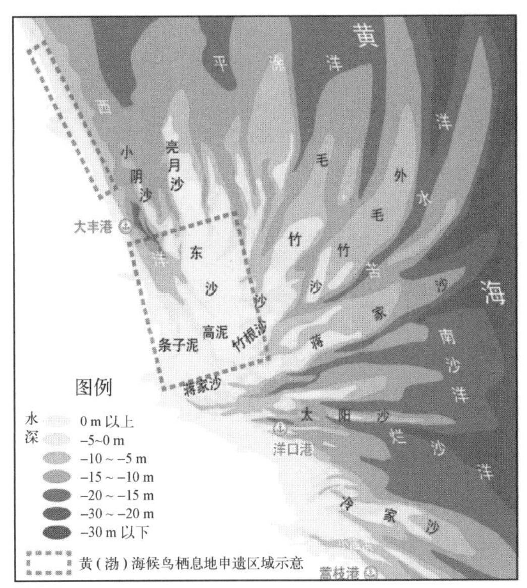

图 6-8　中国黄(渤)海候鸟栖息地位置示意

中国黄(渤)海候鸟栖息地(第一期)位于江苏省盐城市，主要由潮间带滩涂和其他滨海湿地组成，拥有世界上规模最大的潮间带滩涂，包括两个遗产点和五个保护区。

两个遗产点(见图 6-9)，分别是江苏大丰麋鹿国家级自然保护区和江苏盐城珍禽国家级自然保护区的南段与东沙实验区(被命名为 YS-1，含 354.69 km^2的条子泥地区），江苏盐城珍禽国家级自然保护区中段（被命名为 YS-2），遗产地面积为 1 886.43 km^2，缓冲区面积为 800.56 km^2，总面积为 2 686.99 km^2。

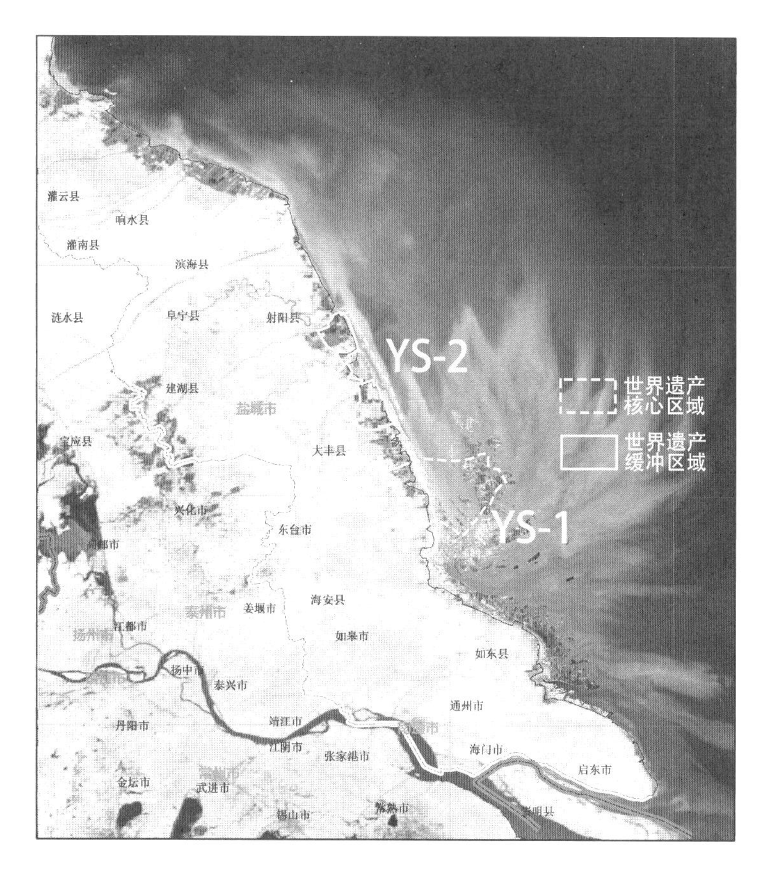

图 6-9 中国黄（渤）海候鸟栖息地范围

（图片来源：https://whc.unesco.org/en/list/1606/multiple=1&unique_number=2304）

五个保护区。江苏大丰麋鹿国家级自然保护区、江苏盐城珍禽国家级自然保护区、江苏盐城条子泥市级自然保护区、江苏东台高泥湿地保护地块及江苏东台条子泥湿地保护地块。

地处江苏盐城的黄（渤）海地区同时具备森林、海洋、湿地三大生态系统，独特优渥的生态环境吸引了大量越冬候鸟每年来此地栖息（见图 6-10），包括全球总数一半以上的丹顶鹤、33 种全球濒危物种，17 个被列入《世界自然保护联盟濒危物种红色名录》的物种和世界占地面积最大的麋鹿自然保护区。其中，勺嘴鹬、小青脚鹬、大滨鹬和大杓鹬等几种鸟类的生存非常依赖于盐城滨海湿地及其邻近地区。极危物种中华凤头燕鸥也极度依赖当地的海岸海洋系统。

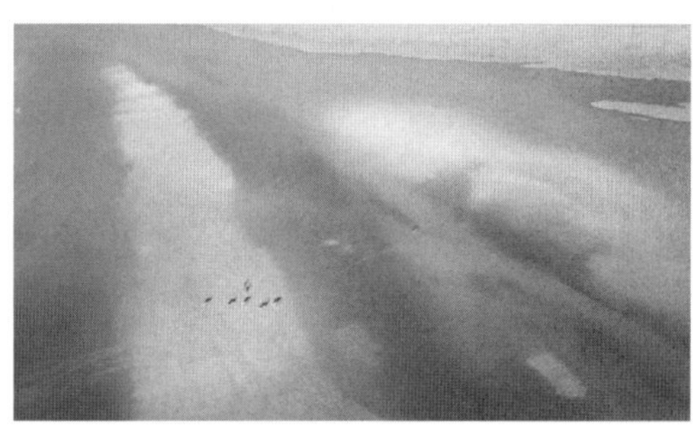

图 6-10 中国黄(渤)海候鸟栖息地生态环境

6.7 湿地资源保护国外案例剖析

1. 美国得克萨斯州 Loyola 海岸带生态恢复工程

1989 年 Kaufer-Hubert 公园扩建后，美国 Loyola 海岸出现了严重的海岸侵蚀问题。为了恢复 Loyola 海岸的生态状况，美国对得克萨斯州 Loyola 海岸带开展了生态恢复工程。此生态恢复工程主要目的是利用生态恢复手段保护 Loyola 海岸，减缓侵蚀过程。该工程有三个方面的措施和方法：①设计实施一套生态管理措施，减缓 Loyola 海岸侵蚀，同时使其具有美学价值；②构建一套方法理论，利用地理技术数据和其他参数评估生态海岸侵蚀；③开发一种减缓侵蚀的生态海岸设计模型。

该海岸带恢复工程主要包括海滩养护，向海滩填加填充物并与抛石固定，在岸边坡地种植乡土植物以抵御潮水的冲刷。其中种植在新土壤上的植物可以逐渐增加土壤的有机质和无机质含量，提高土壤颗粒的凝结力，减缓被侵蚀的速率。天然纤维编织物可以保护原有充填沙免受侵蚀，土工织物则用来固定土壤并可以与抛石护岸相连。该工程分三期施工：一期工程是准备工作，包括在周围建立防护栅栏；二期工程进行现场勘查，获取数据；三期工程建造抛石护岸，重建海岸带，种植乡土植物等。工程实施六年后，生态恢复工程成功地遏制了海岸侵蚀。

此外，美国在大西洋沿岸及墨西哥湾实施了一系列牡蛎礁恢复项目(图 6-11)，如 1993—2003 年，弗吉尼亚州通过“牡蛎遗产”(Oyster heritage)项目共建造了 69 个牡蛎礁；2001—2004 年，南卡罗来纳州在东海岸 28 个地点建造了 98 个牡蛎礁，使用了大约 250 t 牡蛎壳；2000—2005 年，牡蛎恢复协助组在切萨皮克湾的 82 个点共计投放了超过 5 亿个牡蛎卵。近 10 年，美国对牡蛎礁恢复技术的研究也越来越重视，牡蛎礁恢复的资助经费也呈现快速增长的趋势。1995 年的资助金额仅为 2 万美元，2004 年用于资助牡蛎礁恢复研究的经费超过 400 万美元。同时，许多州都成立了专门进行牡蛎礁恢复的组织，它们除了申请联邦政府的财政资助以外，更多地通过宣传活动，使广大民众了解牡蛎礁的生态服务功能与价值，接受社会各界的捐助，组织义务者参与牡蛎礁恢复活动，使社会和公众认识到恢复牡蛎礁的重要性。牡蛎礁恢复已成为改善河口近岸生态环境和提高生态系统健康的重要技术手段。

图 6-11　牡蛎礁

(图片来源：https：//www. eesi. org/)

2. 荷兰三角洲工程中的湿地生态环境保护

荷兰毗邻欧洲北海海域，是典型的低地之国，1/4 的国土在海平面以下。荷兰的历史是与海水抗争的历史，在防御河流洪水与海洋灾害的进程中，兼顾对土地资源的需要实施围海造地工程。在围海造地、港口建设、疏浚、海岸工程、围垦区景观设计和海岸海洋环境保护等方面取得了极大的成就，令世界瞩目。

荷兰的围海造地有三个阶段。第一个阶段：16—17 世纪，疏干阿姆斯特丹北部众多湖泊并开垦为农田，利用风车排除湖泊低地的涝灾。第二个阶段：19 世纪，近 180 km^2的哈尔莱姆湖成为荷兰疏干的最大湖泊，利用蒸汽机驱动的水泵排水。第三个阶段：20 世纪最大的工程项目是 1932 年完成的须德海 30 km 长海堤，该海堤切断了堤内与北海的直接联系，大大降低了洪水风险。荷兰在 20 世纪下半叶又成功实施了三角洲项目。

荷兰三角洲项目(Delta Project)亦称三角洲工程(Delta Works)，曾获得“世界第八大奇迹”的声誉。这个水利工程系统保护荷兰不受风暴巨浪的袭击，改善了当地的水平衡，是迄今为止世界上最大的防潮工程。工程建设地点是荷兰西南部的韦斯特思尔德的新水道口上，拥有世界上最为壮观，也是最大的防潮闸门。

整个工程包括 12 个大项目(图 6-12)，由 16 500 km 的堤防与 300 个洪水防御沟设施对 13 个河口进行了人工控制，并形成新土地，而且打造了鹿特丹港口发展的岸线与空间资源。1954 年开始设计，1956 年动工，1986 年宣布竣工并正式启用，共耗资 120 亿荷兰盾(合人民币 387 亿元)。一些海湾的入口被大坝封闭，使得海岸线缩短了 700 km。荷兰在实施这一工程时，运用了其在水利建设方面取得的新的科研和技术成果。为保护该地区的一些海生动植物不受工程影响而消失，在兴建东谢尔德河 8 km 长的大坝时，采用了非完全封闭式大坝的设计方案，共修建了 65 个高度为 30~40 m、重 18 000 t 的坝墩，安装了 62 个巨型活动钢板闸门。

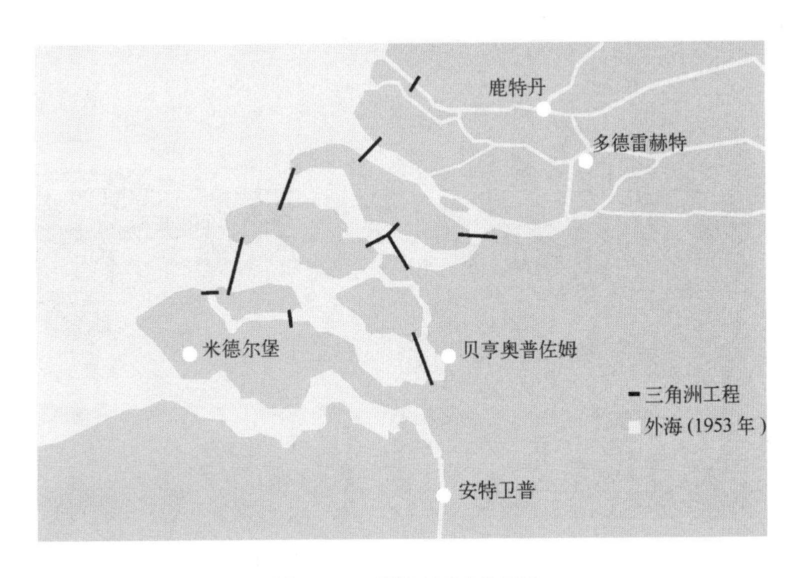

图 6-12 荷兰三角洲工程

三角洲工程主要项目包括：①建筑 33 km 长，共 5 道拦海大坝，根治海水倒灌；②拦海大坝上建高速公路，改善后开发的泽兰省与鹿特丹市的交通连接，作为泽兰省经济开发的先行和鹿特丹市集聚过度的人口和产业向南扩散的轴线；③封闭狭长海湾，通过海水淡化，为莱茵河工业带提供新的工业和生活水源；④把一部分滩涂改造成为工业和民用住房发展用地；⑤开辟旅游度假区、水上运动区；⑥发展淡水渔业和养殖业。

三角洲工程治理方案包括：①东谢尔德(Eastern Scheldt)闸坝(图 6-13)。该闸坝横跨东谢尔德河，是一座挡潮坝。河口被小岛分为 3 个口门，宽度分别为 180 m、1 200 m 和 2 500 m，最大深度 45 m。②费尔瑟(Veerse)挡潮闸。该闸位于东谢尔德闸坝之南，东面有赞德克列克(Zandkreek)闸坝。两闸坝之间形成一个 22 km^2的淡水湖。赞德克列克闸坝设有泄水闸排泄洪水。两座闸坝分别于 1961 年和 1969 年竣工。③布劳沃斯(Brou Wers)挡潮闸。该闸位于赫雷弗灵恩河口。上游有赫雷弗灵恩(Grevelingen)闸坝。两闸坝之间形成 110 km^2的封闭水域。这两座闸坝分别于 1978 年和 1983 年竣工。④哈林水道(Haringvliet)挡潮闸坝。该闸坝位于哈林水道河口，口门宽 4.5 km，坝长 3.5 km，闸长 1 km，共设 17 孔，每孔宽56 m，于 1971 年竣工。⑤荷兰斯艾瑟(Holland seljssel)挡潮闸。该闸位于鹿特丹新水道的支流荷兰斯艾瑟河

图 6-13　风暴潮期间的东谢尔德闸坝

(图片来源：wikipedia@ Rens Jacobs / Beeldbank V&W)

口，为单孔闸，跨度为 80 m，装有垂直提升平面闸门。另设有一座船闸，以维持关闸挡潮时通航。该挡潮闸于 1958 年竣工。三角洲水道上的其他三座闸坝是沃尔克拉克(Volkerak)闸坝，由一座 4 孔节制闸和 3 座 22 m×300 m 的船闸组成，1970 年竣工；菲利浦(Philips)闸坝，1986 年建成；奥斯特(Oester)闸坝，1986 年建成，也设有船闸。

三角洲工程使防潮堤线缩短了 700 km 左右，提高了防潮安全保障和标准，可有效控制和管理三角洲水道，防止咸水入侵，改善了水质和减少了泥沙淤积，能更合理地利用水资源，更好地保护生态环境。在闸坝施工中，采取了现代化技术，如东谢尔德的闸墩，净重 18 000 t，用特制运输船浮运至现场水面，然后沉放就位。地基预先经过特殊处理，挖除 10 m 余厚淤泥换清沙石，夯实整平铺上两层反滤垫。宽 56 m 的哈林水道闸，在闸墩上设有倒三角形预应力梁，使海、河两侧的压力传至三角形大梁后再传到闸墩。菲利浦闸中设有利用咸淡水密度差设计而成的咸淡水分隔系统，防止船闸运用时咸水入侵和淡水流失。

20 世纪 60 年代末期，荷兰国内关于加强生态环境保护的呼声日益高涨。政府也十分重视针对三角洲工程中对生态环境影响最大的东谢尔德坝工程而出现的反对舆论，专门成立了一个特别委员会进行研究。问题的焦点是如果采用实体坝拦断东谢尔德河口后，东谢尔德水道将不再是潮汐通道，坝后形成一个淡水湖，水位变化也将消失。这将使当地动植物的生存环境发生巨大变化，多种贝类和鱼类将面临濒临灭绝的境地，因此，当地的环保组织、渔业水产业者、水利生物学家等强烈支持保持潮汐通道开敞，反对拦断东谢尔德河口。鉴于东谢尔德河地区生态环境对动植物生长保护和对荷兰经济发展的影响，1974 年政府决定修改原方案，制定新的既可以防洪又可以进行生态环境保护的工程方案，即采用挡潮闸代替原来的实体坝(见图 6-13)。在通常情况下保持东谢尔德潮汐通道的畅通，一旦出现风暴潮和特别高水位的威胁，挡潮闸重达 300~480 t 的闸门可在 1h 内关闭，以确保三角洲地区的安全。尽管闸门开启时留有 14 000 m^2 的过水面积，但挡潮闸的存在仍然会使进出河口的潮量比原来减少，因而使潮差减小。为使河口基本保持原有的潮差(这对某些动植物是至关重要的)，新方案还同时在闸后的河段中筑坝进行分隔，目的是相应减小纳潮面积，从而保持原有潮差基本不变。这就是配套的菲利浦坝和奥斯特坝，这两个坝后才是免受潮汐影响的安特卫普—莱茵航道。

3. 荷兰围垦后生态重建

荷兰 20 世纪大规模填海工程引发了严重的生态环境问题，主要表现为滨海湿地的大面积减少，水质下降，生物多样性受到破坏；在围垦区内还出现地面沉降、土壤改良投入的成本过大以及内陆河流洪水与海洋风暴潮双向灾害威胁等问题。从 20 世纪 80 年代开始，荷兰的围海造地进入一个严格限制的阶段，并与德国、丹麦实施了三方瓦登海保护计划，放弃了原定在须德海大堤内侧围垦的计划，保留了自然的湖泊湿地景观。

在沿海地区实施生态保护，建立起长达 250 km 的“以湿地为中心的生态系地带”。荷兰—德国沿海的瓦登海保护取得极大成功，已成为世界自然遗产地，潜在的生态价值和旅游经济价值巨大。此外，在鹿特丹港口北海 20 km^2 围填海工程建设方案中，在邻近海域划出 250 km^2 的生态保护区，在港池的外海侧建设给游人休闲的 0.35 km^2 沙丘海滨，还在邻近海岸带修整了 7.5 km^2 的休闲自然保护区，有效地补偿了围填海所损失的生态服务功能。

4. 南非圣卢西亚湿地

圣卢西亚湿地（Greater St. Lucia Wetlands Park），又称“伊斯曼盖利索湿地公园”（Isimangaliso Wetlands Park）。圣卢西亚湿地公园位于南非夸祖鲁-纳塔尔省，南起印度洋海岸线上圣卢西亚角（Cape St. Lucia）的马普雷恩（Mapelane），北至索德瓦那（Sodwana）的 Kosi 湾，与莫桑比克海岸线最南端接壤，3 280 km^2 的地方包括圣卢西亚湖（Lake St. Lucia）、Maputaland 海洋保护区、海岸森林保护区（the Coastal Forest Reserve）和 Kosi 湾自然保护区，有 280 km 近乎原始的海岸线（见图 6-14）。公园内有南非目前仅存的一片沼泽林，三个大型湖泊生态系统，四处国际重要的湿地，八处大型的猎奇自然保护区和 100 多种珊瑚。1999 年 12 月 1 日被列为南非第一个世界自然遗产，也是南非第三大国家公园。

圣卢西亚湿地是印度洋沿岸一片浅绿色的区域，该公园广阔的湿地、沙丘、海滩和珊瑚礁均闻名于世，动物种类更是数不胜数。湿地类型包括内河、纸草沼泽地、芦苇盐碱湿地、莎草沼泽地、含盐湿地和生长着大根植物的水底层。其中，内河及纸草沼泽地大约覆盖了公园 70 km^2 的面积。圣卢西亚湿地的植物种类繁多，总计有 152 个科、734 个属。含盐湿地的代表植物是孢子体、海蓬子属和雀稗属植物。草地类型主要包括沙滩上的亲水草地、涝原、南非洲棕榈草原以及三种分别生长在沙地、黏土和石质土上的草地。林地由阔叶林，阿拉伯树胶林、河边树林、榄仁树和马钱子混合林以及灌木构成，这里为食草动物提供了充足的养料。生活在海中及河口的无脊椎动物是湿地内最重要的水生动物。据统计，这里共有 43 种硬珊瑚虫和 10 种软珊瑚虫，珊

图6-14 圣卢西亚湿地

瑚礁也因其特有的保护和科学价值颇受人们青睐。圣卢西亚湿地还发现有14种海绵动物、4种被囊动物和812种水生软体动物，西印度洋特有的暗礁鱼类中，85%栖息在这片水域。该湿地淡水动物有6种是世界范围内的濒危物种，16种是国家级濒危动物，世界上唯一可生活在盐水和淡水两种环境的鲨鱼——赞比西河真鲨、现存的最大海龟——棱皮龟也栖息在这里。

南非政府和联合国教科文组织都很重视湿地的保护工作，南非政府1895年就宣布成立圣卢西亚自然保护区，建立湿地保护管理局。1939年，管理局宣布公园扩大至距湖区1 km湿地的周边地区，1971年，圣卢西亚湖和龟滩以及Maputaland海岸的珊瑚礁被列在国际重点湿地保护大会的名单上。该湿地面临的最大问题是水荒，水是维系湿地生态系统的基础，但圣卢西亚河水水位已经下降了很多，一个重要原因是整个湿地保护区曾种植数百万株松树，周边还广泛种植着桉树，这些高大笔直、郁郁葱葱的速生树原本是南非几家大型纸业公司大规模种植的造纸的原材料，却破坏了圣卢西亚的湿地资源，因为它们耗水耗肥能力极强，原本要注入湖泊湿地的水遭到“截流”，当地南非管理部门已经开始大量砍树保护湿地。此外，有些鱼本来要从大海游到河口湾产卵，然而近年来由于河口渐渐被沙堵住，海水涨潮期间也不能进入河流，并且因为水流力量不足，这几年圣卢西亚湖的入海口常处于封闭状态。

5. 韩国顺天湾湿地

顺天湾湿地(图 6-15)位于朝鲜半岛南端韩国顺天市的顺天湾，它不仅拥有宽阔的潮汐平地，而且还有高潮线与低潮线之间的沼泽，被公认为韩国物种最丰富和环境最美丽的沿海生态系统。它被列入世界五大沿岸湿地的生态宝库，总面积达75 km^2。在世界所有湿地中，顺天湾湿地以稀有珍贵鸟类众多而闻名，是黑鹤、白枕鹤、东方白鹤等 11 种鸟类的栖息地，在自然生态方面有很高的保存价值和研究价值。

图 6-15　顺天湾湿地

顺天湾湿地分布在东川和伊沙川交汇的下游流域周边滩涂地区。据推测，由于江水流入将泥沙和有机物带进该区域，使顺天湾变成积水地区，并在海潮的作用下，经过漫长岁月的沉积形成了现在广阔的滩涂。顺天湾的芦苇丛总面积约为 4.95×10^5 m^2，两川汇合处 3 km 左右的河道两旁绝大部分被芦苇丛覆盖，特色是呈“S”形分布的韩国最大规模的芦苇塘。顺天湾湿地的主要构成物质均源于东川和伊沙川，由于现在东川和伊沙川的裁弯取直，河水入海流速增加，湿地范围已扩大。

6. 孙德尔本斯湿地

孙德尔本斯(Sundarbans)湿地位于恒河，是由布拉马普特拉河和梅格纳河共同冲积而成的三角洲，由孟加拉国(60%)和印度(40%)共享。其由许多小岛组成，面积约为3 600 km^2，于 1997 年被列为世界自然遗产，它是世界上面积最大的红树林(见图 6-16)。在过去的两个世纪，大片的孙德尔本斯湿地的红树林区域被改造成稻田，近来被改造为养虾场。为满足人类需求和洪水控制等目的，建造的一系列大坝、岸堤等分流上游的水资源，导致入海水量减少，并严重影响了当地的生物多样性。

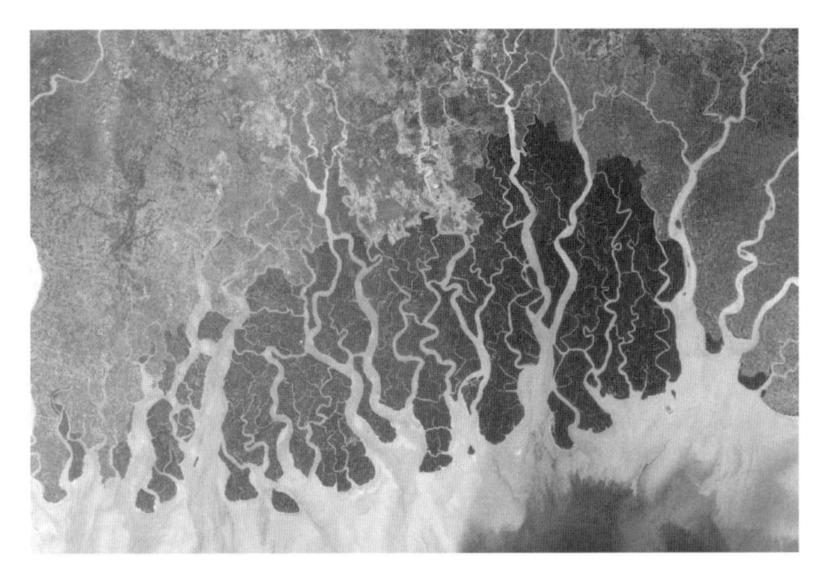

图 6-16　孙德尔本斯湿地红树林

决定孙德尔本斯红树林及其生物多样性未来演变趋势的因素主要有两个：第一是人口增长对淡水资源的需求；第二是气候变化预计会增加平均温度和降水的时空变化，导致海平面上升。气温升高和降水的变化将对淡水资源施加更大的压力，并改变流入红树林的淡水资源。一些气候变化模型也认为热带气旋和风暴的发生频率会增加，可能进而导致淡水、海水相互作用，最终影响红树林。

7. 湄公河三角洲湿地

越南南部的湄公河三角洲湿地(图 6-17)，面积达 3.6×10^4 km^2。其在保护生物多样性和越南经济发展中发挥着重要作用，但在 21 世纪被一系列异于平常的大洪水严

图 6-17　湄公河三角洲湿地

重影响。此外，在旱季三角洲受到盐水入侵影响。科学家预测海平面上升将增加湄公河三角洲的洪水风险，从长期来看，会加重大坝建设造成的淤积效应。虽然全面的防洪措施会减少洪水风险，增高岸堤引起的河流流速增大更容易引发灾难性事故。此外，增高岸堤阻碍了细沉积物流入农业用地。由于大坝建设减少了河流沉积物流入大海，增加了河口大面积淤积和洪水的风险，并加剧沿海地区侵蚀和湿地的流失。这种情况类似于沿海路易斯安那州的密西西比河三角洲。

参考文献

[1] 邓效慧，戴桂林，权锡鉴．海洋资源资产化管理与海洋资源可持续开发利用[J]．海洋科学，2001，25(002)：54-56.

[2] 冯士筰，李凤岐，李少菁．海洋科学导论[M]．北京：高等教育出版社，1999.

[3] 陈学雷．海洋资源开发与管理[M]．北京：科学出版社，2000.

[4] 忻海平．海洋资源开发利用经济研究[M]．北京：海洋出版社，2009.

[5] 孙湘平．中国近海区域海洋[M]．北京：海洋出版社，2006.

[6] 韩家新．中国近海海洋：海洋可再生能源[M]．北京：海洋出版社，2015.

[7] 科技兴海丛书编辑委员会．海洋探查与资源开发技术[M]．北京：海洋出版社，2001.

[8] 王曙光．海洋开发战略研究[M]．北京：海洋出版社，2004.

[9] 联合国粮食及农业组织．2016 年世界渔业和水产养殖状况：为全面实现粮食和营养安全做贡献[EB/OL]．[2020-11-30]．https：//www. doc88. com/p-4724548855396. html.

[10] 中华人民共和国自然资源部．2019 年中国海洋经济统计公报[EB/OL]．(2020-05-09)[2020-11-30]．http：//gi. mnr. gov. cn/202005/t20200509_ 2511614. html.

[11] 崔凤．治理与养护——实现海洋资源的可持续利用[M]．北京：社会科学文献出版社，2017.

[12] 朱晓东，李杨帆，吴小根，等．海洋资源概论[M]．北京：高等教育出版社，2005.

[13] 李炎保，蒋学炼．港口航道工程导论[M]．北京：人民交通出版社，2010.

[14] 刘岩，丘君，等．美丽海洋：中国的海洋生态保护与资源开发[M]．北京：五洲传播出版社，2014.

[15] 宋金明．崛起的海洋资源开发[M]．济南：山东科学技术出版社，1999.

[16] 吴兴南．走向海洋：海洋资源的开发利用与保护[M]．北京：社会科学文献出版社，2017.

[17] 于大江．近海资源保护与可持续利用[M]．北京：海洋出版社，2001.

[18] 赵淑江，吕宝强，王萍．海洋环境学[M]．北京：海洋出版社，2011.

[19] 国家海洋局．中国近海海洋图集：海洋可再生能源[M]．北京：海洋出版社，2018.

[20] 李允武．海洋能源开发[M]．北京：海洋出版社，2008.

[21] 李慧，郝嘉凌，陶爱峰，等．中国潮汐能利用现状研究[C]//第十六届中国海洋(岸)工程学术讨论会论文集(上册)．北京：海洋出版社，2013.

[22] 崔旺来，钟海玥．海洋资源管理[M]．青岛：中国海洋大学出版社，2017.

[23] 杨国桢，等．中国海洋资源空间[M]．北京：海洋出版社，2019.

[24] 李书恒，郭伟，朱大奎．潮汐发电技术的现状与前景[J]．海洋科学，2006，30(12)：82-86.

[25] 王晓．港航工程与规划[M]．上海：上海交通大学出版社，2015.

[26] 中华人民共和国交通运输部．2018 年交通运输行业发展统计公报[EB/OL]．(2019-04-12)[2020-01-30]．https：//xxgk. mot. gov. cn/jigou/zhghs/201904/t20190412_3186720. html.

[27] 杨旸．港口空间布局与土地集约利用规划[D]．天津：天津大学，2015.

[28] 邵荣顺，吴明阳．上海洋山深水港区的选址和规划[J]．水运工程，2011(7)：51-57.

[29] 范德芬，等．人造低地：荷兰治水与围垦史[M]．北京：星球地图出版社，2007.

[30] 王华，王建华，潘玉雯，等．东台市滨海湿地围垦影响的定量评估[J]．江苏林业科技，2018，45(5)：39-43.

[31] 王建．江苏省海岸滩涂及其利用潜力[M]．北京：海洋出版社，2012.

[32] 刘青松，李杨帆，朱晓东．江苏盐城自然保护区滨海湿地生态系统的特征与健康设计[J]．海洋学报，2003(3)：143-148.

[33] 郝庆，孟旭光，刘天科，等．国土综合整治研究[M]．北京：科学出版社，2018.

[34] 于华明，刘容子，鲍献文，等．海洋可再生能源发展现状与展望[M]．青岛：中国海洋大学出版社，2012.

[35] 董胜，孔令双．海洋工程环境概论[M]．青岛：中国海洋大学出版社，2005.

[36] 孟伟．中国海洋工程与科技发展战略研究：海洋环境与生态卷[M]．北京：海洋出版社，2014.

[37] 潘云鹤，唐启升．中国海洋工程与科技发展战略研究：综合研究卷[M]．北京：海洋出版社，2015.

[38] 刘子刚，马学慧．神奇多彩的中国湿地：中国湿地概览[M]．北京：中国林业出版社，2008.

[39] 朱晓燕．海洋工程污染海洋环境防治法律制度研究[M]．北京：中国法制出版社，2015.

[40] 侯国祥，王志鹏．海洋资源与环境[M]．武汉：华中科技大学出版社，2013.

[41] 姚泊，张骥，李华．海洋环境概论[M]．北京：化学工业出版社，2007.

[42] 陈国栋，张超．天然宝库湿地[M]．济南：山东科学技术出版社，2016.

[43] 何文珊．神奇多彩的中国湿地：中国滨海湿地[M]．北京：中国林业出版社，2008.

[44] 张海英，牛振国，许盼盼，等．大型国际重要湿地边界及遥感分类数据集(2001、2013)[J]．全球变化数据学报，2017，1(2)：230-238.